5

Band 22 · Mai 1986

isotopenpraxis

AKADEMIE-VERLAG · BERLIN

ISSN 0021-1915 Isotopenpraxis, Berlin 22 (1986) 5, 157–192

An unsere Autoren

Die Zeitschrift veröffentlicht Beiträge zu folgenden Themen: Kontrolle und Analyse radioaktiver und stabiler Isotope, Anwendung radioaktiver und stabiler Isotope in allen Gebieten der Forschung und Technik, der Industrie, Landwirtschaft und Medizin, Herstellung radioaktiver und stabiler Isotopen sowie von markierten Verbindungen, kernelektronische Geräte für die Isotopenanwendung (Dickenmesser, Dichtemesser u. ä.) Detektoren für isotopentechnische Arbeiten und den Strahlenschutz in Isotopenlaboratorien, Meßtechnik und Strahlenschutz, Dosimetrie in Isotopenlaboratorien, kerntechnische Geräte für die Isotopenanwendung (Beton, Bestrahlungsanlagen u. ä.), Strahlenchemie, Radiochemie, ökonomische und perspektivische Fragen, Fragen der Weiterbildung.

1. Aufnahme von Manuskripten

Zur Veröffentlichung angenommen werden nur druckreife, noch nicht anderweitig publizierte Beiträge in deutscher, englischer oder russischer Sprache zum Themenbereich der Zeitschrift und zwar

- Originalarbeiten
- Kurze Mitteilungen
- Aus der Praxis
- Zusammenfassende Berichte
- Tagungsberichte
- Informationen.

Sind der Beitrag oder Teile daraus bereits veröffentlicht oder ist eine anderweitige Veröffentlichung vorgesehen, so muß dies der Redaktion mit genauer Angabe der Zweitveröffentlichung mitgeteilt werden. Mit der Annahme des Manuskriptes behält sich der Verlag das Recht der Vervielfältigung, Verbreitung und Übersetzung innerhalb der gesetzlichen Schutzfrist vor. Auszugsweiser Nachdruck oder photomechanische u. a. Wiedergabe sind an eine schriftliche Genehmigung des Verlages gebunden. Manuskripte, Zeichnungen und Photos von veröffentlichten Arbeiten werden nur auf den besonderen und bis zum Zeitpunkt der Veröffentlichung mitgeteilten Wunsch des Autors zurückgesandt.

Bei der unverlangten Einreichung von Manuskripten wird empfohlen, eine Befürwortung eines der Herausgeber oder Redaktionsausschußmitglieder beizufügen.

Manuskripte sind einzureichen bei der Redaktion, 1086 Berlin Leipziger Str. 3—4

2. Form der Manuskripte

Die Autoren werden gebeten:

2 Manuskripte, eines davon in Original-Maschinenschrift, einseitig und mit 2zeiligem Abstand einzureichen; gut leserliche Photokopien sind zulässig; auf dem 1. Blatt (unter Weglassung der Bezeichnung)

den Titel der Arbeit
Vorname-Initialen und Namen sämtlicher Autoren
gegebenenfalls die Institution, in der sie tätig sind
eine kurze Zusammenfassung der Arbeit von höchstens 15 Zeilen
Keywords in alphabetischer Reihenfolge und
als Fußnote die Anschrift der Institution anzugeben;

wenn möglich, Zusammenfassung, Titel und Autoren *englisch* (bei deutschem oder russischen Manuskript) bzw. *deutsch* (bei englischem Manuskript) 2fach beizufügen;

Literaturhinweise (fortlaufend numeriert), Fußnoten, Tabellen, Abbildungen (in 2—3facher Veröffentlichungsgröße), Abbildungsunterschriften (getrennt von den Abbildungen und Zeichenerklärungen, Quellenangaben, falls erforderlich, und gegebenenfalls mit einem Vermerk für besondere Wünsche bezüglich der Abbildungsgröße), private und Dienstanschrift der Verfasser mit akademischen Titeln und ausgeschriebenen Vornamen auf besonderen Blättern ans Ende des Manuskriptes zu stellen;

Wünsche für den Kolumnentitel (Seitenüberschrift) bekanntzugeben;

Absätze durch Einzüge von mindestens 3 Anschlägen kenntlich zu machen; die Maßeinheiten des SI-Systems („Systeme International") zu verwenden; Korrekturen im Manuskript unmittelbar an der zu korrigierenden Stelle anzubringen;

Formeln deutlich lesbar und möglichst groß einzutragen;

Farbabbildungen und nachträgliche Änderungen oder Ergänzungen in Abbildungen zu vermeiden;

hervorzuhebende Textstellen zu unterstreichen, und zwar halbfetten Satz mit einer geraden schwarzen Linie, kursiven Satz (Schrägschrift) mit einer blauen Wellenlinie (alle Eigennamen). Sperrungen gestrichelt;

besondere Buchstaben durch farbige Unterstreichung zu kennzeichnen, und zwar Formelzeichen in

Griechisch-Kursiv (α, β, ...) rot,
Kursiv (*A*, *B*, ...) blau
halbfetter Kursiv (**A**, **B**, ...) 2 Linien blau (Vektoren),
halbfetter Grotesk (**A**, **B**, ...) 2 Linien violett (Tensoren);

bei Literaturangaben auf Vollständigkeit zu achten. In nachstehender Reihenfolge müssen angegeben sein:

a) bei *Zeitschriften*: Vorname-Initialen und Namen sämtlicher Autoren, Titel der Zeitschrift (nach „Periodica Chimica" oder möglichst wenig gekürzt), Bandnummer (unterstrichen), Jahreszahl (in Klammern), Heftnummer (nur bei Zeitschriften, die jedes Heft mit S. 1 beginnen) sowie die Seitenzahl, auf der die zitierte Arbeit beginnt.

b) bei *Büchern*: Initialen der Vornamen und Name des Autors (Herausgeber werden durch den Zusatz „ed." gekennzeichnet), voll ausgeschriebener Titel des Buches in der Originalsprache, evtl. Bandnummer, voll ausgeschriebener Name des Verlages, Nummer der Auflage (außer der ersten), Erscheinungsort(e), Erscheinungsjahr (hier nicht in Klammern setzen!) und evtl. Kapitelnummer, Seitenzahl u. ä.

c) bei *Sammelbänden, Tagungsberichten*: Es soll zusätzlich der Titel des zitierten Beitrags angegeben werden. Die Seitenzahl muß unbedingt angegeben werden. Aus dem Zitat muß hervorgehen, ob es sich um einen Tagungssammelband oder um einen noch nicht veröffentlichten Vortrag handelt. Zwischen Tagungsort und Erscheinungsjahr des entsprechenden Tagungsberichts ist zu unterscheiden.

3. Korrekturen

Der Autor erhält zwei Umbruchabzüge, von denen einer möglichst schnell korrigiert an die Redaktion zurückgereicht werden soll. Auf Wunsch des Autors kann die Korrektur auch von der Redaktion gelesen werden.

Durch nachträgliche Manuskriptänderungen verursachte Korrekturkosten gehen, sofern sie 10% der Satzkosten übersteigen, zu Lasten des Autors.

Der Autor erhält 50 Sonderdrucke kostenlos. Weitere Sonderdrucke können bis zur Rückgabe der Korrekturabzüge auf Kosten des Autors bei der Redaktion bestellt werden.

Bezugsmöglichkeiten

Bestellungen sind zu richten

- in der DDR an den Postzeitungsvertrieb unter Angabe der Kundennummer des Bestellenden oder an den AKADEMIE-VERLAG BERLIN, DDR-1086 Berlin, Leipziger Straße 3–4, PF-Nr. 1233;
- im sozialistischen Ausland an eine Buchhandlung für fremdsprachige Literatur oder an den zuständigen Postzeitungsvertrieb;
- in der BRD und Berlin (West) an eine Buchhandlung oder an die Auslieferungsstelle KUNST UND WISSEN, Erich Bieber OHG, Wilhelmstraße 4—6, D-7000 Stuttgart 1;
- in den übrigen westeuropäischen Ländern an eine Buchhandlung oder an die Auslieferungsstelle KUNST UND WISSEN, Erich Bieber GmbH, General Wille-Str. 4, CH-8002 Zürich;
- im übrigen Ausland an den Internationalen Buch- und Zeitschriftenhandel; den Buchexport Volkseigener Außenhandelsbetrieb der Deutschen Demokratischen Republik, DDR-7010 Leipzig, Postfach 160; oder an den AKADEMIE-VERLAG BERLIN, DDR-1086 Berlin. Leipziger Straße 3—4.

Zeitschrift „Isotopenpraxis"

Herausgeber: Zentralinstitut für Isotopen- und Strahlenforschung der Akademie der Wissenschaften der DDR.
Verlag: Akademie-Verlag Berlin, DDR-1086 Berlin, Leipziger Straße 3—4, PF-Nr. 1233; Fernruf: 2236221 oder 2236229; Telex-Nr.: 114420;
Bank: Staatsbank der DDR, Berlin, Kto.-Nr.: 6836-26-20712.
Chefredakteur: Prof. Dr. H. Hübner, Leipzig.
Anschrift der Redaktion der Zeitschrift Isotopenpraxis: Prof. Dr. Hübner, DDR-7010 Leipzig, Karl-Marx-Platz, Hauptpostamt, PSF 370; Fernruf: 281018.
Veröffentlicht unter der Lizenznummer 1527 des Presseamtes beim Vorsitzenden des Ministerrates der Deutschen Demokratischen Republik.
Gesamtherstellung: VEB Druckerei „Thomas Müntzer", DDR-5820 Bad Langensalza.
Erscheinungsweise: Die Zeitschrift „Isotopenpraxis" erscheint monatlich. Die 12 Hefte eines Jahrganges bilden einen Band. Bezugspreis je Band 240,— DM zuzüglich Versandspesen; Preis je Heft 20,— DM. Der gültige Jahresbezugspreis für die DDR ist der Postzeitungsliste zu entnehmen.
Bestellnummer dieses Heftes: 1079/22/5.

AN (EDV) 12831
00900

Isotopenpraxis 22 (1986) 5, S. 157 bis 160

Laser photofragmentation of UF_6 in IR and UV laser fields: Calculation of fragmentation probabilities I. IR multiphoton excitation and fragmentation

H. Johansen, K. Johst

(Zentralinstitut für Isotopen- und Strahlenforschung der AdW der DDR)[1])

On the basis of quantum chemical model IR laser multiphoton absorption probabilities and corresponding isotope effects for collisionless UF_6 molecules in the electronic ground state are calculated. Taking into account the detailed fine structure of the spectrum of the pumped mode the isotopic selectivity of the multiphoton excitation process of UF_6 can be proved theoretically. The results are compared with experimental results and suggest a begin of the quasicontinuum states of UF_6 at a vibrational level $n \geqq 6$.

Auf der Grundlage eines quantenmechanischen Modells werden IR-Laser-Multiphotonen-Absorptionswahrscheinlichkeiten für stoßfreie UF_6-Moleküle im elektronischen Grundzustand berechnet. Durch Berücksichtigung einer angemessenen Feinstruktur des Spektrums der gepumpten Schwingungsform kann eine Isotopenselektivität des Multiphotonen-Anregungsprozesses von UF_6 theoretisch nachgewiesen werden. Die Ergebnisse werden mit experimentellen Werten verglichen und weisen auf den Beginn des Quasikontinuums von UF_6 ab dem Schwingungsniveau $n \geqq 6$ hin.

Keywords

dissociation; isotope effects; laser isotope separation; photolysis; uranium hexafluoride

1. Introduction

In the last years UF_6 was among those molecules which have been frequently investigated with respect to the fragmentation in laser fields. The isotope substitution $^{235}U/^{238}U$ causes a frequency shift of 0,55 cm^{-1} in the degenerated (U-, F)-stretching mode ($\omega_0 = 626\ cm^{-1}$), which is excited. The actual effect of such a relatively small shift is of interest in experimental and theoretical investigations of the multiphoton absorption of UF_6 molecules in intense laser fields. The aim means a better understanding of such processes. Recent experimental work shows the following results: *Alimpiev* et al. [1] and *Averin* et al. [2] did not observe any isotopic selectivity with respect to the multiphoton absorption and dissociation of UF_6. In contradiction to it *Ambartzumian* and co-workers [3] and *Rabinowitz* and co-workers [4] pointed out isotope effects in such processes. In order to elucidate this problem theoretically, in this paper probabilities for the collisionless multiphoton absorption of UF_6 in the electronic ground state and the corresponding isotopic selectivities are calculated and compared with experimental data. The model used here and the calculation of the absorption probabilities are based on the formalism of the effective *Hamiltonian.* All yields are obtained in dependence on laser frequency, intensity and pulse duration taking into account the difference between laser frequency and the frequency of the pumped vibrational mode including its anharmonicity. Additionally the detailed fine structure on the spectrum of the pumped mode is considered (rotational levels, octahedral splitting).

2. The theoretical model

In the model two energy regions in the system of vibrational levels of the molecule are distinguished, a lower region A characterized by normal modes and coherent excitation and a higher region B characterized by anharmonic coupling and incoherent excitation, the so-called quasicontinuum. (The overcoming of region B by UV quants is described in part II of this work.) For details of the model and the quantum mechanical apparatus see Ref. [5–9].

The main problem concerning the calculation of isotope effects in multiphoton absorption processes of UF_6 molecules consists in the consideration of the fine structure of the vibrational levels in a proper way.

Hence this problem is described in detail in this paper, other aspects have been explained in Ref. [9].

The calculation of the fragmentation probabilities is performed via the probability amplitudes $c_f(t)$ of population of the vibrational level f of the pumped mode under the influence of the driving laser field:

$$c_f(t) = \langle f|i(t)\rangle = \langle f|e^{-iH_{eff}t}i\rangle = \sum_j \langle f|j\rangle\, e^{-iE_jt}\langle j|i\rangle \quad (1)$$

where $|i\rangle$ is the vibrational ground state of the molecule. The quantities E_j and $|j\rangle$ are eigenvalues and eigenvectors of the effective *Hamiltonian* H_{eff} respectively. The absorption probability P_A in region A is given by

$$P_A = \frac{1}{t_f}\int_0^{t_f} |c_{n^*}^A(t)|^2\, dt \quad (2)$$

where n^* represents the highest level within region A. t_f is the pulse duration.

The absorption probability for reaching a dissociative level $\bar{n}$ involves the excitation process within the quasicontinuum (region B) and is approximated by the expression

$$P_{AB} = \frac{1}{t_f}\int_0^{t_f} |c_{n^*}^A(t)|^2\, |c_{\bar{n}}^B(t)|^2\, dt \quad (3)$$

[1]) Address: DDR-7050 Leipzig, Permoserstr. 15

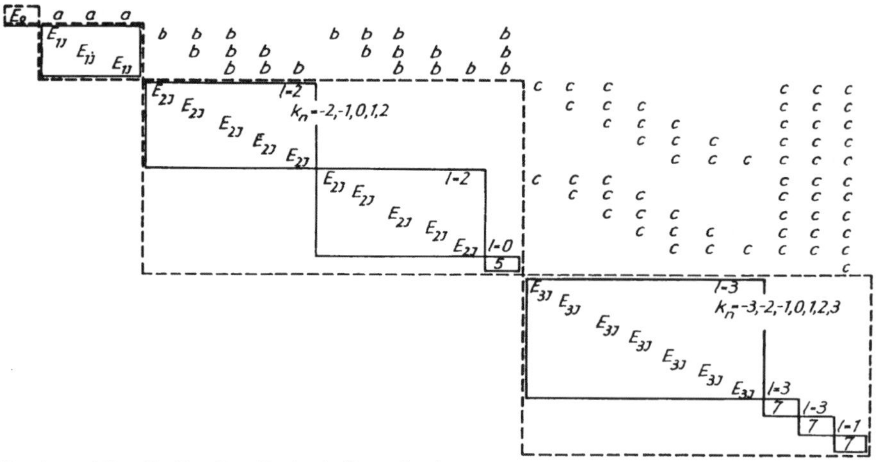

Fig. 1. Structure of the effective *Hamiltonian* in the region A

Taking into account the dissociative width of level $\bar{n}$ dissociation probabilities may be obtained from (3).

Fig. 1 shows the structure of the effective *Hamiltonian* up to level $n^* = 3$.

The diagonal matrix elements are the energy level expressions:

$$E_{nJ} = E_{nl} + B_n J_n(J_n + 1) - B_0 J_0(J_0 + 1) + (N - n)\omega_L \qquad (4)$$

including the quantities:

N — number of absorbed photons in region A
J_n — molecular angular momentum quantum number
B_n — rotational constant of vibrational level n
ω_L — laser frequency
E_{nl} — vibrational energy levels of the pumped mode depending on the quantum number of the vibrational angular momentum $l = n, n - 2, \ldots 1/0$ (taking into account octahedral splitting)

The energy levels of the UF_6 molecule are determined on the basis of the frequency spectrum observed by *Bron* and *Wallace* [10]. The off-diagonal elements a, b, c in Fig. 1 describe the transitions between the rovibrational states due to the interaction with the electromagnetic field (in the framework of the rotating wave approximation).

Taking into account the anharmonicity of the pumped mode and the average over the initial and final rotational states the nondiagonal matrix elements are approximated by the expressions [8]:

$$(n, n + 1) = \frac{\omega_R}{2} \sqrt{\frac{(n + 1)(n + 2)(n + 3)}{2}} \qquad (5)$$

The product $\overline{\mu \cdot \varepsilon(t)}$ is denoted as *Rabi* frequency ω_R; $\overline{\varepsilon(t)}$ represents the time averaged amplitude of the electromagnetic field, μ is the derivative of the zero-zero dipol transition matrix element. A *Rabi* frequency of 2 cm^{-1} corresponds a laser intensity of about 1 GW/cm^2 (transition dipol moment 0,1 *D*).

The excitation of the UF_6 molecule in the quasicontinuum B has been treated in an approximated way in paper [9]. Averaging over the initial states of the molecular angular momentum introduces a dependence on temperature:

$$P(T) = \frac{\sum_{J_0} g(J_0)\, e^{-B_0 J_0(J_0+1)/k_B T} P(J_0)}{\sum_{J_0} g(J_0)\, e^{-B_0 J_0(J_0+1)/k_B T}} \qquad (6)$$

$g(J_0)$ means the degeneracy of the rotational states.

In the calculations pulse shape is assumed to be rectangular and pulse duration is assumed in the order of 30 ns. The laser frequencies are those from experimental work [3, 4]. The temperature in expression (6) is $T = 300$ K according the experimental conditions in Ref. [3, 4]. Further we have assumed that the highest level of coherent excitation in region A is $n^* = 3$.

3. Results and discussion

Fig. 2 shows the absorption probabilities (2) for the molecules $^{238}UF_6$ and $^{235}UF_6$ in dependence on the *Rabi* frequency ω_R. These yields were thermally averaged on the initial quantum states of the angular momentum at a temperature of 300 K.

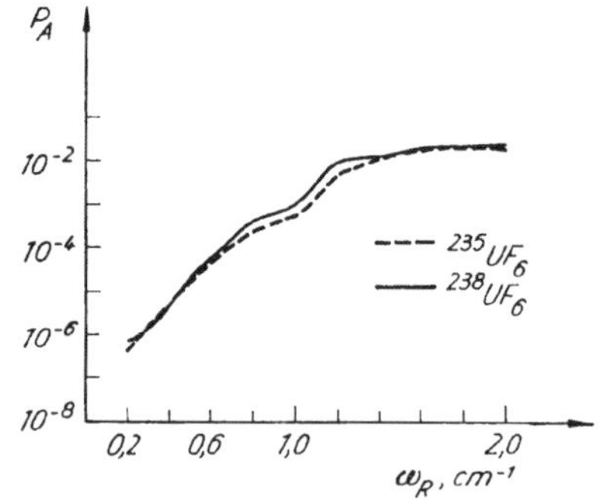

Fig. 2. Multiphoton absorption probabilities of the molecules $^{238}UF_6$ and $^{235}UF_6$ in dependence on the *Rabi* frequency ω_R (ω_L = 615,3 cm^{-1})

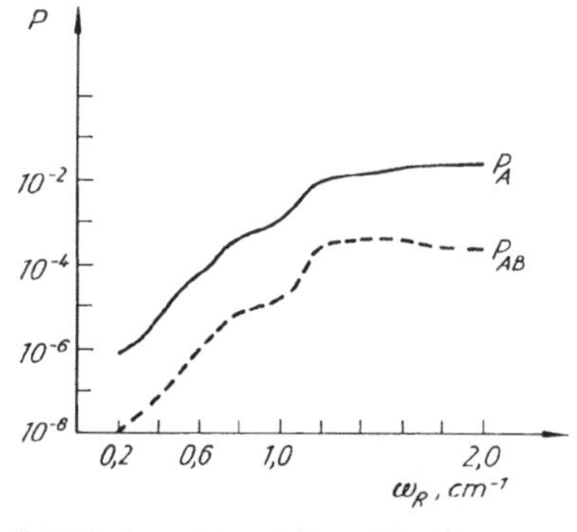

Fig. 3. Multiphoton absorption probabilities of the molecule $^{238}UF_6$ in dependence on the *Rabi* frequency for the region A (P_A) and with respect to both regions (P_{AB})

Fig. 3 shows both the absorption probabilities (2) and (3) for the molecule $^{238}UF_6$. Overcoming the quasicontinuum decreases the absorption probabilities but does not influence the isotope effects.

Tab. 1 contents the corresponding isotope effects in dependence on the *Rabi* frequency for three different laser frequencies.

Fig. 4 shows that the dependence of the absorption probabilities on the temperature is small in our model since it is influenced only by the rotational distribution.

Tab. 1. Isotopic effects with respect to the multiphoton absorption probabilities P_A and P_{AB}

ω_R cm^{-1}	$\omega_L = 615{,}3$ cm^{-1}		$\omega_L = 624{,}0$ cm^{-1}		$\omega_L = 626{,}6$ cm^{-1}	
	P_A	P_{AB}	P_A	P_{AB}	P_A	P_{AB}
0,2	0,47	0,46	1,35	1,41	1,71	1,66
0,4	1,41	1,35	1,31	1,34	1,83	1,91
0,6	0,75	0,71	1,27	1,32	0,93	0,88
0,8	0,42	0,42	2,06	2,33	1,23	1,19
1,0	0,41	0,42	1,04	1,00	1,01	0,99

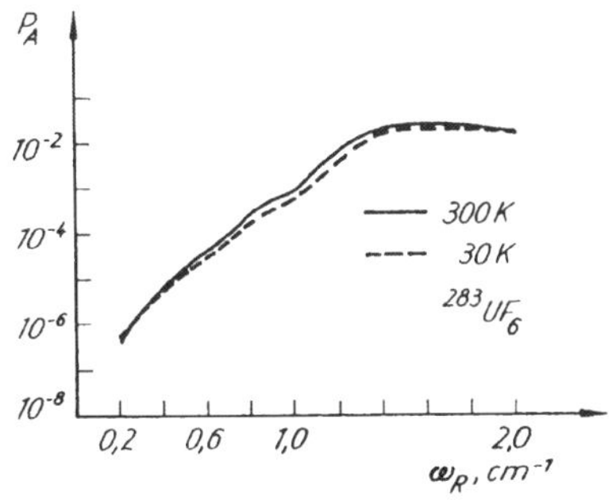

Fig. 4. Multiphoton absorption probabilities of the molecule $^{238}UF_6$ in dependence on the *Rabi* frequency ω_R and the temperature T

Tab. 2. Isotopic effects with respect to the multiphoton absorption probabilities P_A in dependence on the pulse duration t_f ($\omega_L = 615{,}3$ cm^{-1})

ω_R, cm^{-1}	$t_f = 30$ ns	$t_f = 170$ ns	$t_f = 2000$ ns
0,2	0,47	0,48	0,52
0,4	1,41	1,40	1,55
0,6	0,75	0,74	0,78
0,8	0,42	0,42	0,41
1,0	0,41	0,43	0,48
1,2	0,38	0,39	0,40
1,4	0,78	0,79	0,80
1,6	0,91	0,92	0,99
1,8	0,85	0,86	0,91
2,0	0,63	0,68	0,65

In Tab. 2 calculated isotope effects with respect to P_A (2) are given in dependence on pulse duration and for *Rabi* frequencies chosen between $\omega_R = 0{,}2$ cm^{-1} and $\omega_R = 2$ cm^{-1}. The isotope effects are approximately independent of the energy fluence of the laser. This result is in good agreement with experimental statements of Ref. [3]. Thus the calculations on the basis of the effective *Hamiltonian* H^A_{eff} (see Fig. 1) confirm the existence of isotope effects in the multiphoton absorption process of UF_6.

In Tab. 3 calculated isotope effects with respect to region A have been compared with experimental yields. The energy fluences used in experiments ($\Phi \lessapprox 1$ J/cm^2) generate approximately *Rabi* frequencies of 0,6—1 cm^{-1}. It is to be seen that there is a good qualitative agreement between calculated and experimentally observed isotopic effects in multiphoton absorption of UF_6.

Tab. 3. Comparison between experimentally determined and calculated isotopic effects with respect to multiphoton absorption of UF_6

ω_L, cm^{-1}	experimental values (a) according to (3) (b) according to (4)	calculated values ω_R, cm^{-1}		
		0,6	0,8	1,0
612,2 (a)	0,47 ± 0,29	1,42	0,34	1,21
615,3 (a)	0,76 ± 0,04	0,75	0,42	0,41
620,5 (a)	1,03 ± 0,03	0,53	0,83	1,71
626,6 (b)	1,15 ± 0,02	0,93	1,23	1,01
622,9 (b)	1,03 ± 0,1	0,75	1,21	0,55
613,4 (b)	0,73 ± 0,09	0,39	0,31	0,56
625,4 (b)	1,11 ± 0,04	1,40	1,56	1,36
627,8 (b)	1,20 ± 0,03	1,12	1,06	0,97
628,9 (b)	1,03 ± 0,13	1,40	0,95	0,77

Rabinowitz et al. [4] have observed isotope effects in connection with the investigation of the two-color multiphoton dissociation of UF_6. They pointed out that their results are similar to those of Ref. [3] though their results refer to the fragmentation probabilities and therefore involve the overcoming of the quasicontinuum. The good agreement of the isotope effects resulting from both experiments and between experimentally determined and calculated isotope effects indicates that the isotopic selectivity is mainly determined by region A. Thereby the theoretical investigations have to consider a mode selective excitation up to level $n = 3$ and a level structure taking into account rotational and octahedral splitting levels.

In our calculations we always start from the vibrational ground state. But at a temperature of 300 K a large amount of molecules is in the excited vibrational state $n = 2$ [4]. The good agreement between calculated and experimentally observed isotope effects suggests that the quasicontinuum of UF_6 begins only at $n \geqq 6$. Calculations of the anharmonic vibrational spectrum [11] gave a similar result.

4. Summary and conclusions

On the basis of a quantum mechanical model we have calculated IR laser multiphoton absorption probabilities for collisionless UF_6 molecules in the electronic ground state. Especially the isotopic selectivity of such processes has been investigated. This requires the inclusion of the detailed fine structure of the spectrum of the pumped mode within the corresponding effective *Hamiltonian*.

The best agreement between calculated and experimental results has been obtained by taking into account both rotationally and energetically resolved octahedral splitting levels. In this way an isotopic selectivity of the multiphoton excitation process of UF_6 can be proved theoretically. The calculated isotope effects are in good qualitative agreement with experimental results. The inclusion of the detailed fine structure means a more realistic description of the multiphoton absorption process (especially at low intensities) and permits the calculation of even small isotope effects as it is the case for the multiphoton absorption of UF_6.

The results show the capability of the used effective *Hamiltonian* for such calculations and suggest a begin of the quasicontinuum states of UF_6 at a vibrational level $n \geqq 6$.

Received June 6, 1985

References

[1] *S. S. Alimpiev, A. P. Babichev, G. S. Baronov, N. V. Karlov, A. I. Karchevskii, S. Yu. Kulikov, V. L. Martsynkyan, Sh. Sh. Nabiev, S. M. Nikoforov, A. M. Prokhorov, B. G. Sartakov, E. P. Skvortsova, E. M. Khokhlov*, Kvant, Elektr. **6** (1979) 2155
[2] *V. G. Averin, A. P. Babichev, G. S. Baronov, A. I. Karchevskii, N. S. Krasnikov, S. Yu. Kulikov, A. V. Merzlyakov, M. G. Morozov, A. I. Pisanko, E. P. Skvortsova*, Kvant. Elektr. **6** (1979) 2637
[3] *R. V. Ambartzumian, V. M. Apatin, A. V. Eseev, N. P. Furzikov*, Kvant. Elektr. **7** (1980) 1998
[4] *P. Rabinowitz, A. Kaldor, A. Gnauck, R. L. Woodin, J. S. Gethner*, Opt. Lett. **7** (1982) 212
[5] *S. Mukamel, J. Jortner*, Chem. Phys. Lett. **40** (1976) 150
[6] *S. Mukamel. J. Jortner*, J. Chem. Phys. **65** (1976) 5204
[7] *J. Jortner, S. Mukamel*, in: The world of quantum chemistry, ed. by *R. Daudel, B. Pullman, D. Reidel*, Publishing Company 1973, p. 145
[8] *J. R. Ackerhalt, H. W. Galbraith*, J. Chem. Phys. **69** (1978) 1200
[9] *H. Johansen, A. Gräßer*, Isotopenpraxis **16** (1980) 330
[10] *J. Bron, R. Wallace*, Faraday Trans. **II, 3** (1978) 611
[11] *L. Haloneu, M. S. Child*, J. Chem. Phys. **79** (1983) 559

Isotopenpraxis **22** (1986) 5, S. **160** bis **164**

Laser photofragmentation of UF_6 in IR and UV laser fields: Calculation of fragmentation probabilities

II. UV photofragmentation of UF_6 molecules vibrationally excited by IR laser radiation

H. Johansen, K. Johst

(Zentralinstitut für Isotopen- und Strahlenforschung der AdW der DDR)[1])

The influence of an initial excitation of a molecular vibrational mode on the photofragmentation process occurring in fragmentation processes in the fields of two lasers (IR + UV) is investigated theoretically. The problem is treated as a modified Franck-Condon transition into the continuum. The calculations indicate that an initial vibrational excitation can lead to higher fragmentation probabilities in agreement with experimental results.

Es wird der Einfluß einer anfänglichen Schwingungsanregung des UF_6-Moleküls auf den Photofragmentierungsprozeß theoretisch untersucht. Solche Situationen treten z. B. bei Fragmentierungsprozessen in den Feldern zweier Laser (IR + UV) auf. Das Problem wird als ein modifizierter Franck-Condon-Übergang ins Kontinuum behandelt. Die Rechnungen zeigen in Übereinstimmung mit experimentellen Ergebnissen, daß eine anfängliche Schwingungsanregung zu größeren Fragmentierungswahrscheinlichkeiten führen kann.

Keywords:

Franck-Condon principle; laser isotope separation; photolysis; reaction kinetics; uranium hexafluoride; vibrational state

1. Introduction

In the last years an increasing experimental effort has been spent on investigations dealing with the effect of an initial excitation of a molecular vibrational mode on the photofragmentation process. Such a situation may be realized in molecular photofragmentation processes in the fields of two lasers. An IR laser excites molecular mode subsequently followed by excitation causing a direct fragmentation of the vibrationally excited molecule. A number of such experiments were carried out with respect to the molecule UF_6. The molecule UF_6 absorbes photons of a N_2-laser in the UV region and the threefold degenerate vibrational stretching mode ($\omega_0 = 626\ cm^{-1}$) may be excited by a CF_4 laser. In this case an increase of UV absorption cross sections and fragmentation rates has been observed [1—4]. Theoretically such processes were treated already for small molecules. In this work we calculate photofragmentation probabilities for molecules of the type XY_6 (for example: $UF_6 \rightarrow UF_5 + F$) in dependence on the initial vibrational excitation. The fragmentation process is treated as a modified Franck-Condon transition from an initial bounded state to a continum state. The fragmentation to radicals represents a very difficult problem of quantum chemistry. Therefore often corresponding potential surfaces are not available. We try to approximate the repulsive potential for the relative fragment motion by means of energy values calculated on the basis of the principle of the minimum state density. These energies represent initial energies of relative motion of the fragments. In this way we are able to calculate fragmentation probabilities for vibrationally excited UF_6 molecules in comparison with fragmentation probabilities determined for the vibrational ground state of UF_6.

The results are discussed in connection with experimental data.

2. Calculation of Franck-Condon factors concerning the direct photofragmentation of XY_6 molecules

In the framework of quantum mechanical perturbation theory the probability of photofragmentation of an isolated

---

[1]) Address: DDR-7050 Leipzig, Permoserstr. 15

molecule is given by the expression

$$|T_{fi}|^2 = \frac{2\pi}{h} |\langle f|V|i\rangle|^2 \, \delta(E_f - E_i) \quad (1)$$

the probability of transition from a bounded state $|i\rangle$ to a dissociative state $|f\rangle$. In the *Franck-Condon* approximation this probability is

$$|T_{fi}|^2 = \frac{2\pi}{h} |X|^2 \cdot |M_{fi}|^2 \, \delta(E_f - E_i)$$

$$= \frac{2\pi}{h} |X|^2 \cdot |\langle \chi_f(Q') \mid \chi_i(Q)\rangle|^2 \, \delta(E_f - E_i) \quad (2)$$

The electronic transition matrix element X characterizes type and strenght of the coupling of the bounded states to the continuum. Photodissociation arises from the matter-radiation interaction given by a scalar coupling between the amplitude of the radiation field and the transition dipol moment of the molecule.

The multidimensional *Franck-Condon* integral M_{fi} in (2) depends on the normal coordinates Q and Q' of the initial (molecular) state and the final (dissociative) state respectively. It cannot be evaluated immediately in an analytical way.

Band and *Freed* [5] proposed to approximate the normal coordinates by symmetry coordinates. In this way it is possible to find a linear transformation

$$Q = A(Q' + B) \quad (3)$$

between the two coordinate sets and there is no need for restrictions concerning the reaction coordinate.

By separating the vibrational motion Q'_r from the translational motion Q'_R of the fragments and using harmonic oscillator functions for all vibrations the integrations can be carried out. There remains only one integration over the reaction coordinate Q'_R:

$$M_{fi} - \int dQ'_R \chi_E(Q'_R) \, e^{-y(Q'_R - r(t))^2} \quad (4)$$

The integral (4) represents a projection of a continuum wave function on the wave function of an effective harmonic oscillator involving both the initial vibrational modes and the asymptotic vibrations of the fragments. This integral can be evaluated analytically provided that an *Airy* function is substituted for $\chi_E(Q'_R)$ [5]. In order to reduce the dimension of the integral M_{fi} in (2) we take into account only the six stretching modes of XY_6 and the five stretching modes of XY_5.

These vibrations are approximately described by the following symmetry coordinates:

$$\left.\begin{aligned}
Q_1 &\simeq S_1 = \frac{1}{\sqrt{6}} (\Delta r_1 + \Delta r_2 + \Delta r_3 + \Delta r_4 + \Delta r_5 + \Delta r_6) \\
Q_2 &\simeq S_2 = \frac{1}{\sqrt{12}} (2\Delta r_1 - \Delta r_2 - \Delta r_3 + 2\Delta r_4 - \Delta r_5 - \Delta r_6) \\
Q_3 &\simeq S_3 = \frac{1}{2} (\Delta r_2 - \Delta r_3 + \Delta r_5 - \Delta r_6) \\
Q_4 &\simeq S_4 = \frac{1}{\sqrt{6}} (-\Delta r_1 - \Delta r_2 - \Delta r_3 + \Delta r_4 + \Delta r_5 + \Delta r_6) \\
Q_5 &\simeq S_5 = \frac{1}{\sqrt{12}} (2\Delta r_1 - \Delta r_2 - \Delta r_3 - 2\Delta r_4 + \Delta r_5 + \Delta r_6) \\
Q_6 &\simeq S_6 = \frac{1}{2} (\Delta r_2 - \Delta r_3 - \Delta r_5 + \Delta r_6)
\end{aligned}\right\} \quad (5)$$

$$\left.\begin{aligned}
Q'_2 &\simeq S'_2 = \frac{1}{\sqrt{5}} (\Delta r'_2 + \Delta r'_3 + \Delta r'_4 + \Delta r'_5 + \Delta r'_6) \\
Q'_3 &\simeq S'_3 = \frac{1}{\sqrt{20}} (-\Delta r'_2 - \Delta r'_3 + 4\Delta r'_4 - \Delta r'_5 - \Delta r'_6) \\
Q'_4 &\simeq S'_4 = \frac{1}{2} (\Delta r'_2 - \Delta r'_3 + \Delta r'_5 - \Delta r'_6) \\
Q'_5 &\simeq S'_5 = \frac{1}{2} (\Delta r'_2 - \Delta r'_3 - \Delta r'_5 + \Delta r'_6) \\
Q'_6 &\simeq S'_6 = \frac{1}{2} (\Delta r'_2 + \Delta r'_3 - \Delta r'_5 - \Delta r'_6)
\end{aligned}\right\} \quad (6)$$

Considering only scalar variations of the distances the following relations result:

$$\Delta r_i = r_i - r_{i0},$$
$$\Delta r'_i = r'_i - r_{i0}$$
$$\Delta_i = r'_{i0} - r_{i0}$$
$$\Delta r'_i = \Delta r_i - \Delta_i$$

The quantities r_i are distances between the atoms Y_i and X, the r_{i0} are the equilibrium distances. The primed quantities refer to XY_5 (see Fig. 1). The equilibrium distances are assumed to be equal for all Y_i.

The reaction coordinate $Q'_R = Q'_1$ is assumed to be the distance between the XY_5 center of mass and Y_1:

$$Q'_1 = r_1 + \alpha r_4 = \Delta r'_1 + \alpha \Delta r'_4 \quad (7)$$

Here αr_4 represents the actual distance of the atom X with respect to the center of mass of the XY_5 radical.

By means of the relations (5), (6) and (7) a linear transformation between the two coordinate sets results:

$$\begin{pmatrix} Q_1 \\ Q_2 \\ Q_3 \\ Q_4 \\ Q_5 \\ Q_6 \end{pmatrix} = \begin{pmatrix}
\frac{1}{\sqrt{6}} & \frac{5-\alpha}{\sqrt{30}} & \frac{-2\alpha}{\sqrt{30}} & 0 & 0 & 0 \\
\frac{1}{\sqrt{3}} & \frac{-(1+\alpha)}{\sqrt{15}} & \frac{3-2\alpha}{\sqrt{15}} & 0 & 0 & 0 \\
0 & 0 & 0 & 1 & 0 & 0 \\
\frac{-1}{\sqrt{6}} & \frac{1+\alpha}{\sqrt{30}} & \frac{2(1+\alpha)}{\sqrt{30}} & 0 & 0 & \frac{-2}{\sqrt{2}} \\
\frac{1}{\sqrt{3}} & \frac{-(1+\alpha)}{\sqrt{15}} & \frac{-2(1+\alpha)}{\sqrt{15}} & 0 & 0 & \frac{-1}{\sqrt{3}} \\
0 & 0 & 0 & 0 & 1 & 0
\end{pmatrix} \begin{pmatrix} Q'_1 - r_0(1+\alpha) \\ Q'_2 + \frac{5}{\sqrt{5}} \bar{\Delta} \\ Q'_3 \\ Q'_4 \\ Q'_5 \\ Q'_6 \end{pmatrix} \quad (8)$$

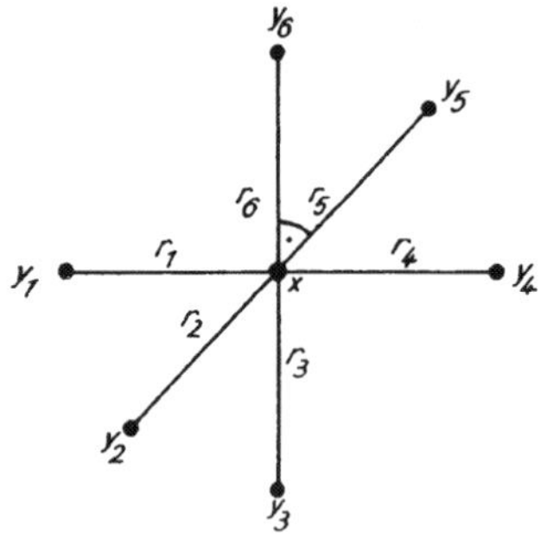

Fig. 1. Geometry of UF_6

Using the transformation (8) the *Franck-Condon* integral for the photofragmentation process of XY_6 molecules

$$M_{fi} = \int dQ_1' \dots dQ_6' \chi_E(Q_1') \prod_{i=1}^{6} \chi_{n_i}(Q_i) \prod_{i=2}^{6} \chi_{n_i'}(Q_i') \quad (9)$$

can be calculated. The functions $\chi_n(Q)$ can be expressed. by *Hermite* polynomials. The relative motion of the fragments is described by a normalized *Airy* function

$$\chi_E(Q_1') = \left(\frac{2\pi\beta}{F_E}\right)^{1/2} Ai[-\beta^{1/2}(Q_1' - R_E)] \quad (10)$$

This wave function is characterized by the energy E of relative translational motion of the fragments and by parameters of the corresponding repulsive potential

$$V(Q_1') = V_0 e^{-kQ_1'} + D \quad (11)$$

linearized about the classical turning point R_E defined by $V(R_E) = E$.

Thus the integral (9) is equal to

$$M_{fi} = \left(\prod_{i=7}^{11} \mu_i' \omega_i'\right)^{-1/2} (\sqrt{\pi})^{-11/2} \left(2^{\sum_{i=1}^{11} n_i}\right)^{-1/2} \left(\prod_{i=1}^{11} n_i!\right)^{-1/2}$$
$$\times \left(\frac{2\pi\beta}{R_E}\right)^{1/2} \frac{\pi^3}{A} \exp\left[g_1 x_0^2 - \frac{\beta^{3/2}}{4g_1} X_0 + B\right]$$
$$\times \left(\frac{\partial}{\partial t_1}\right)^{n_1} \cdots \left(\frac{\partial}{\partial t_{11}}\right)^{n_{11}}$$
$$\times \left\{\exp\left[\sum_{i,j=1}^{11} w_{ij} t_i t_j + \sum_{i=1}^{11} p_i t_i\right] A_i\left(K + \sum_{i=1}^{11} d_i t_i\right)\right\}\Big|_{\{t_i=0\}} \quad (12)$$

The quantities A, B, w_{ij}, p_i, d_i, g_1, K and X_0 are involved expressions which include the elements of the transformation matrix (8) and the effective masses μ_i and frequencies ω_i.

3. Repulsive potential of relative motion of fragments

In many cases potential surfaces describing fragmentation processes are not available.

We approximate the potential (11) by energy values evaluated on the basis of the principle of minimum state density. If $\varrho(E, Q)$ represents the local density of states the condition $\partial\varrho(E, Q)/\partial Q = 0$ provides for each energy E a value Q^{+} of the reaction coordinate which is representative for the geometry of the transition state of a decaying molecule. These energies may be interpreted as potential energies with respect to the relative motion of the fragments. Thus the values $E(Q^{+})$ define a potential which can be expressed in the form (11). The density of states is calculated semiclassically [6]. In this way one obtains for the local density of states for a system consisting of s degrees of freedom the expression:

$$\left.\begin{aligned} \varrho(E, Q_1') &= \frac{\sqrt{2\mu_1'}}{h(s-2)! \prod_{i=2}^{s} \varepsilon_i(Q_1')} \\ &\quad \times \sum_{\nu=0}^{n} \binom{n}{\nu} \frac{(-1)^{n-\nu} b^{\nu} x^{n-\nu+1/2}}{n-\nu+1/2} \\ x &= E - V_M(Q_1') \\ b &= x + \sum_{i=2}^{s} \frac{\varepsilon_i(Q_1')}{2} \\ n &= s - 2 \end{aligned}\right\} \quad (13)$$

The parameters of the *Morse* potential V_M and the frequencies of UF_6 and UF_5 are shown in Tab. 1. Additionally the curve was fitted by means of suitable absorption energies of UF_6 in the UV region taking into account only energy values $E(Q_1'^{+})$ near the dissociation threshold. In this way one obtains for the absorption into the 260 nm absorption band [7, 8] the following potential parameters: $V_0 = 387{,}94$ kcal/mol, $k = 1{,}168$ Å^{-1}, $D = 70$ kcal/mol. Fig. 2 shows the overlapping of this repulsive potential with the potential of the effective harmonic oscillator resulting from relation (4).

Tab. 1. Parameters of the *Morse* potential and vibration frequencies

Parameters of the *Morse* potential			
E_0^*, kcal/mol	70,03		
β^*, Å^{-1}	1,97		
Vibration frequencies, cm^{-1}			
UF_6 [10]		UF_5 [11]	
667	(1)	660	(1)
534	(2)	579	(1)
626	(3)	137	(1)
186	(3)	540	(1)
200	(3)	106	(1)
143	(3)	198	(1)
		632,6	(2)
		190	(2)
		160	(2)

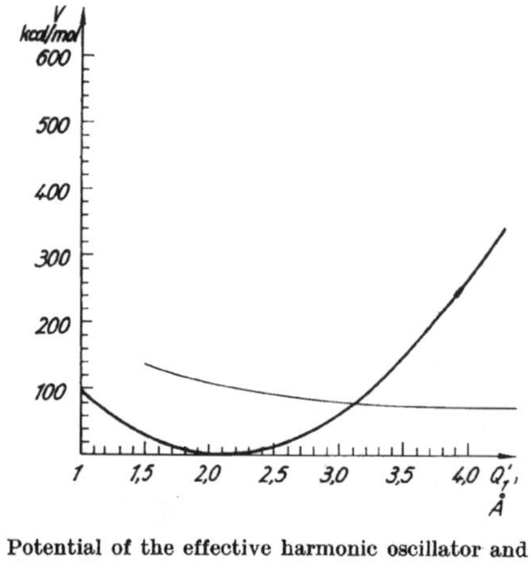

Fig. 2. Potential of the effective harmonic oscillator and the repulsive potential of the relative motion of the fragments

4. Results and discussion

The *Hermite* polynomials as well as the *Airy* function introduce recursion relations for the determination of the contributions of the states in expression (12) ($n_i \neq 0$). By means of (2) and (12) relative fragmentation probabilities

$$\Gamma(n, n') = \frac{|T_{fi}|^2}{\{|X|^2\}} \qquad (14)$$

are calculated in dependence on the incident photon energy, the initial vibrational excitation of the molecule XY_6 (n) and the (final) vibrational excitation of the fragment XY_5 (n').

Fig. 3 and 4 show the results for two different photon energies, *Kroger* et al. [8] investigated the UV photodissociation dynamics of UF_6 at 266 nm in a molucelar beam experiment. They obtained a maximum of the translational energy distribution at about 43% of the calculated available energy of 40 kcal/mol. The detailed partitioning of this energy between vibrational and electronic excitation could not be determined directly from these experiments.

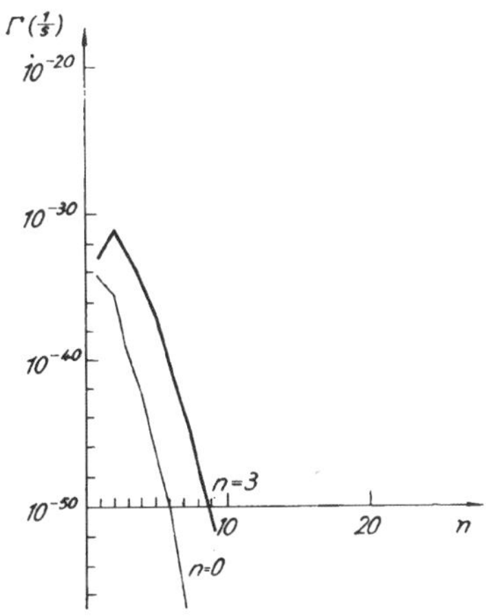

Fig. 3. Relative fragmentation probabilities of UF_6 in dependence on the vibrational excitation of UF_6 (n) and UF_5 (n') at a photon energy of 95,3 kcal/mol

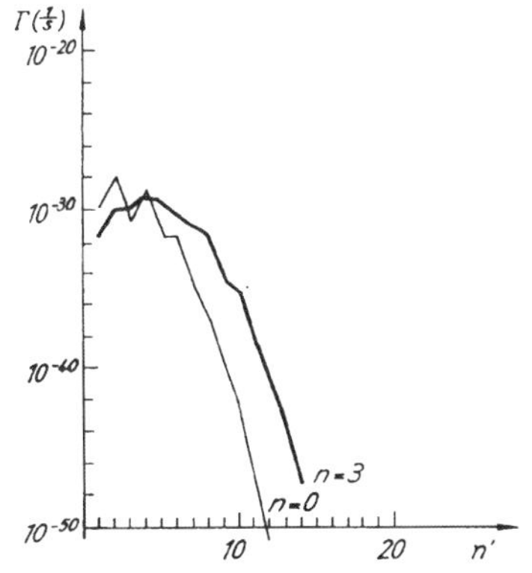

Fig. 4. Relative fragmentation probabilities of UF_6 in dependence on the vibrational excitation of UF_6 (n) and UF_5 (n') at a photon energy of 107,4 kcal/mol

In Tab. 2 calculated relative fragmentation probabilities in dependence on the vibrational excitation (n') of UF_5 and the relative translational energy E of the fragments at the same photon energy are shown for comparison. The largest probabilities we obtained at $n' = 2$ and 4.

Tab. 2. Relative fragmentation probabilities of the 266 nm photofragmentation of UF_6 in dependence on the UF_5 excitation (n') and the translational energy E of the fragments

n'	E, kcal/mol	Γ, s^{-1}
1	36,4	$0{,}2 \cdot 10^{-29}$
2	34,5	$0{,}2 \cdot 10^{-27}$
3	32,6	$0{,}1 \cdot 10^{-30}$
4	30,7	$0{,}1 \cdot 10^{-28}$
5	28,8	$0{,}2 \cdot 10^{-31}$
6	26,9	$0{,}1 \cdot 10^{-31}$
7	25,0	$0{,}9 \cdot 10^{-35}$
8	23,1	$0{,}2 \cdot 10^{-36}$
9	21,3	$0{,}6 \cdot 10^{-40}$
10	19,4	$0{,}1 \cdot 10^{-42}$

A low vibrational excitation of the UF_5 fragment was also supposed in experimental work [8, 9]. *Kroger* et al. [8] suggest vibrational quantum numbers $n' \leqq 4$ and an electronic excitation energy of UF_5 of about 16 kcal/mol for dissociation processes at 266 nm.

Taking into account such an electronic excitation energy of about 16 kcal/mol we obtain in our calculations a maximum of translational energy distribution at 18 kcal/mol in agreement to the experimental results [8].

Fig. 3 and 4 demonstrate the influence of initial vibrational excitation on the relative photofragmentation probabilities.

The starting of $n = 3$ of the vibrational quantum number of UF_6 results from the assumed final level of the coherent isotope selective excitation of UF_6 in an IR laser field (see Part I).

The figures show an increased probability of the *Franck-Condon* transition into the continuum due to the initial vibrational excitation of the molecule especially at photon energies lower than the absorption energy used for the fitting of the repulsive potential. This fact indicates that the modified *Franck-Condon* factors include properties of the electronic transition (caused by the parameters which are contained in the wave function for the relative motion of the fragments). The maximal values of $\Gamma(n, n')$ with respect to different initial vibrational states n differ by a factor in the order of $10^1 - 10^4$.

The calculated molecular excitation probabilities due to the IR laser field (see Part I) suggest large values compared with the fragmentation rates. Therefore the fragmentation probability of vibrationally excited molecules in comparison with the fragmentation probability of molecules in the vibrational ground state is determined only by the ratio of the corresponding *Franck-Condon* factors. The above mentioned increase of the relative fragmentation probabilities is in a good qualitative agreement with experimental results by *Averin* et al. [1] and *Ambartzumian* et al. [2]. In these experiments UF_6 was dissociated by N_2 laser radiation ($\approx$300 nm) with and without preceding IR laser radiation. They obtained an increase of fragmentation probability for vibrationally excited molecules in the order of the factor 10^1 and 10^2 respectively (see Fig. 3 for comparison). Quantitative conclusions cannot be drawn since there was a delay time between switching on the two lasers and also the level of the vibrational excitation was unknown in the experiments.

4. Summary and conclusions

Relative photofragmentation probabilities for XY_6 molecules have been calculated in dependence on the vibrational excitation of the parent molecule XY_6, the vibrational excitation of the fragment XY_5 and the incident photon energy.

Investigations concerning the influence of an initial vibrational excitation on the photofragmentation process are necessary for a better understanding of fragmentation processes in the fields of two lasers (IR + UV).

In our calculations the problem was treated as a modified *Franck-Condon* transition into the continuum involving both the normal modes of XY_6 and of XY_5 as well as the relative motion of the fragments. The repulsive potential of the relative motion of the receding fragments was approximated by means of energies calculated on the basis of the principle of the minimum state density and fitted to suitable UV absorption energies.

As an example the molecule UF_6 was treated. The calculations indicate that an initial vibrational excitation can lead to higher fragmentation probabilities compared to fragmentation probabilities refered to vibrational ground state. Thus the results are in good qualitative agreement with corresponding experimental results of the two-laser fragmentation of UF_6.

Received June 6, 1985

References

[1] *V. G. Averin, A. P. Babichev, G. S. Baronov, N. V. Karlov, A. I. Kavchevskii, N. S. Krasnikov, S. Yu. Kulikov, A. V. Merzlyakov, M. G. Morozov, A. I. Pisanko, E. P. Skvortsova*, Kvant. Elektr. **6** (1979) 2637

[2] *R. V. Ambartzumian, V. M. Apatin, N. G. Basov, A. Z. Grasynk, A. P. Dyadkin, N. P. Furzikov*, Kvant. Elektr. **6** (1979) 2612

[3] *M. Alexandre, M. Clerc, R. Gagnon, M. Gilbert, P. Isnard, P. Nectoux, P. Rigny, J. Weulersse*, J. Chim. Phys. **80** (1983) 331

[4] *K. C. Kim, S. Freund, R. K. Sander, D. F. Smith, W. B. Person*, J. Chem. Phys. **78** (1983) 32

[5] *Y. B. Band, K. F. Freed*, J. Chem. Phys. **63** (1975) 3382

[6] *H. Gaedtke, J. Troe*, Ber. Bunsenges. phys. Chem. **77** (1973) 24

[7] *Gr. L. DePoorter, O. K. Rofer-DePorter*, Spectrosc. Lett. **8** (1975) 521

[8] *P. M. Kroger, S. I. Riley, G. H. Kwei*, J. Chem. Phys. **68** (1978) 4195

[9] *K. C. Kim, U. J. Reisfeld, D. M. Seitz*, J. Chem. Phys. **73** (1980) 5605

[10] *D. Cravens*, J. Chem. Phys. **71** (1979) 2797

[11] *B. J. Krohn, W. B. Person, J. Overend*, J. Chem. Phys. **65** (1976) 969

Isotopenpraxis **22** (1986) 5, S. 164 bis 169

Modell zur Untersuchung der Multiphotonendissoziation großer Moleküle und der Isotopenselektivität

I. Bernstein

(Zentralinstitut für Isotopen- und Strahlenforschung der Akademie der Wissenschaften der DDR)[1]

Es wird ein empirisches Modell vorgestellt, das es gestattet, mit einem geringen mathematischen Aufwand wesentliche Ergebnisse der stoßfreien Multiphotonendissoziation von Uranylverbindungen durch IR-Laser (z. B. Absorptionsquerschnitt, Flußabhängigkeit, Frequenzabhängigkeit und Isotopieeffekt der Ausbeute) befriedigend widerzuspiegeln. Es ermöglicht insbesondere, den beobachteten Isotopieeffekt vollständig theoretisch zu erfassen und die Absorption der Laserenergie und ihre Umverteilung aus der angeregten Mode in andere Molekülschwingungsmoden zu beschreiben.

An empirical model is given, which allows a satisfactory description of essential results of the collisionless multiphoton dissociation of uranyl compounds by means of an IR laser (e.g. absorption cross section, fluence and frequency dependence of the yield and its isotope effect) with a small mathematical effort. Especially it is possible to explain theoretically the origin of the observed isotope effect and to describe the absorption of laser energy and its redistribution within the other vibrational modes of the molecule.

Keywords

absorption; dissociation; infrared radiation; isotope effects; laser isotope separation; molecules; photolysis; uranium 235; uranium 238

1. Einleitung

Mit der Entwicklung leistungsstarker IR-Laser bildete sich ein neues Gebiet der Photochemie heraus – die Untersuchung schwingungsmäßig hochangeregter Moleküle [1–3]. Ein wesentliches Teilgebiet stellen die unimolekularen Reaktionen [4], speziell die Multiphotonendissoziation (MPD), bei der das Molekül die zur Dissoziation benötigte Energie durch sukzessive Absorption von Laserphotonen erhält, dar. Aufgrund der hohen Frequenzselektivität der Laseranregung im Vergleich zur thermischen Anregung erfolgte die Anwendung dieser Reaktion bisher am häufigsten in der Isotopentrennung [5], die für die Trennung $^1H/^2H$ [6] und $^{12}C/^{13}C$ [7] bereits in das Stadium möglicher kommerzieller Nutzung vorgedrungen ist.

Parallel zu den experimentellen Untersuchungen erfolgten auch unterschiedliche theoretische Arbeiten zur Interpretation der experimentellen Ergebnisse und Modellierung der ablaufenden Prozesse (siehe z. B. [3, 8–10]).

Mit steigendem Interesse auch an wirtschaftlichen Anwendungen der Laseranregung wächst die Zahl der Untersuchungen mittlerer und großer Moleküle. Von Vorteil ist dabei die schon vorhandene hohe innere Energie (viele Schwingungsfreiheitsgrade). In den letzten Jahren wurde die MPD fluorierter flüchtiger Uranylverbindungen, die eine starke Absorptionsbande im Bereich des CO_2-Lasers besitzen, eingehend experimentell und theoretisch untersucht [11–22]. Bei diesen Molekülen reichen bereits

[1]) Anschrift: DDR-7050 Leipzig, Permoserstr. 15

Flüsse von 0,4 J/cm² für eine vollständige Dissoziation aus, während bei CF_3I dafür schon 4 J/cm² benötigt werden [7] und bei UF_6 7 J/cm² nur eine 15%ige Dissoziation bewirken [23]. Bei der Betrachtung der Selektivität der MPD der Uranylmoleküle wurden deutliche Isotopieeffekte sowohl für $^{17}O/^{18}O$ als auch für $^{235}U/^{238}U$ festgestellt. Daraus erklärt sich das große Interesse an diesen Verbindungen. Es richtet sich aber auch auf ein solches Problem wie die Schnelligkeit der Energieumverteilung im Molekül und damit die Möglichkeit der Induzierung bindungs- oder modenselektiver Reaktionen.

Ein Teil der Untersuchungen [11—18] wurde bei niedrigen Flüssen ($\lesssim$0,4 J/cm²) vorwiegend unter stoßlosen Bedingungen im Molekularstrahl durchgeführt. Die asymmetrische O—U—O-Streckschwingung (ν_3-Bande) wird angeregt, und die Dissoziation erfolgt durch Abspaltung des neutralen Liganden [11]

$$UO_2(hfacac)_2 \cdot B \xrightarrow{nh\nu} UO_2(hfacac)_2 + B \qquad (1)$$

hfacac: Hexafluoroacetylacetonat
B: neutraler Ligand, z. B. THF, TMP
THF: Tetrahydrofuran
TMP: Trimethylphosphat

Die zugeführte Energie wird also im Molekül umverteilt, und die schwächste Bindung bricht auf.

Andere Untersuchungen [19—22] erfolgten vorwiegend bei mittleren Flüssen ($\gtrsim$0,6 J/cm²) und mittleren Drücken (1—100 Pa). Auch hier wird die ν_3-Bande angeregt, die Dissoziation nimmt aber einen anderen Verlauf [19]

$$UO_2(hfacac)_2 \cdot B \xrightarrow{nh\nu} UO_2F_2 + 2C_5F_5O_2H + B \qquad (2)$$

wobei sich zeigt, daß (2) das Ende einer nicht isotopenselektiven Kettenreaktion darstellt und somit die deutliche Selektivität des Primärprozesses, der Radikalbildung bei der MPD, zunichte gemacht wird [22].

Da das Ziel der hier vorliegenden Arbeit die Modellierung der MPD und ihrer Isotopenselektivität ist, werden als Test und zum Vergleich die experimentellen und theoretischen Ergebnisse der Untersuchungen bei niedrigen Flüssen herangezogen.

2. Theorie

2.1. *Modell gekoppelter Leitern [11]*

Für die MPD der hier betrachteten Gruppe großer Moleküle ergaben sich aus den experimentellen Untersuchungen folgende Charakteristika:

- Die Ausbeute ist über weite Bereiche der Laserleistung von dieser unabhängig und nur abhängig vom Laserfluß [16].
- Bei 370 K wurde kein Flußschwellwert für die Ausbeute gefunden; dieser tritt erst bei tiefen Temperaturen auf [17].
- Es existiert kein Leistungsschwellwert für die Dissoziation [12], der für kleine Moleküle, z. B. SF_6, aufgrund der Anharmonizität der gepumpten Schwingung charakteristisch ist.
- Die für kleinere Moleküle beobachtete Rotverschiebung des Dissoziationsspektrums tritt nicht auf. Für kleine Ausbeuten stimmen die Linienformen der IR-Bande und des Dissoziationsspektrums überein [12].

Zur Interpretation dieser sich von den bis dahin bekannten Untersuchungen der MPD kleiner Moleküle deutlich unterscheidenden Ergebnisse wurde von *Cox* u. a. das im folgenden beschriebene Modell vorgeschlagen [11, 14]:

Durch die große Anzahl von Atomen (mehr als 30) besitzen die Moleküle eine Vielzahl innerer Freiheitsgrade, d. h., die thermische Energie stellt bereits einen wesentlichen Teil der zur Dissoziation benötigten Energie dar, und die Moleküle befinden sich schon nach Absorption eines Photons im Quasikontinuum. (Bei kleinen Molekülen wird meist vom Grundzustand ausgegangen und die geringe vorhandene thermische Energie vernachlässigt.)

Im System der Molekülschwingungsformen werden zwei Bereiche unterschieden:

I.: gepumpte Mode (ν_3-Bande), Zweiniveausystem;
II.: Wärmebad niederfrequenter Moden mit $\hbar\omega < 3\,kT$ (d. h. signifikant thermisch angeregter Moden).

Zwischen beiden Bereichen besteht eine starke Kopplung. Wird in I ein Laserphoton absorbiert, so relaxiert die Energie ins Wärmebad II, die Anregung dort erhöht sich, während I in den Grundzustand zurückkehrt und ein neues Photon absorbieren kann. Erfolgt die Relaxation entsprechend schnell, so können während des Laserimpulses genügend Photonen absorbiert werden, um die zur Dissoziation notwendige Energie zu erreichen.

Ein ähnliches Problem wurde schon von *Tamir* und *Levine* [24] mit Hilfe gekoppelter Ratengleichungen untersucht. Allerdings behandelten die Autoren nur die Kopplung zweier Einzelmoden. *Cox* u. a. betrachten zwar in ihrem Modell die Kopplung einer Einzelmode mit einem Modensystem, setzen in ihren numerischen Berechnungen jedoch eine ausreichend starke Kopplung zwischen I und II voraus und untersuchen nur noch das System II, bestehend aus s entarteten Moden der mittleren Frequenz ω_V. Der Anregungsprozeß in II wird mit Hilfe eines Systems gekoppelter Ratengleichungen beschrieben. Die Zahl der entarteten Moden und der Frequenzfaktor der Ratenkoeffizienten werden an den parallel dazu durchgeführten experimentellen Ergebnissen gefittet. Es ergibt sich eine gute quantitative Übereinstimmung mit dem Experiment für die Flußabhängigkeit, die Temperaturabhängigkeit und die Isotopenselektivität der Dissoziationswahrscheinlichkeit. Lediglich die Änderung der Isotopenselektivität mit der Temperatur wird zu klein berechnet (s. Abschnitt 3).

Die Vernachlässigung des Anregungsprozesses in I erfordert jedoch die Kenntnis experimentell bestimmter isotopenselektiver Absorptionsquerschnitte, die für die Lösung der Ratengleichungen benötigt werden. Außerdem ist dadurch die vollständige theoretische Beschreibung des Isotopieeffekts der MPD nicht mehr möglich. In II ist aufgrund der Existenz des Quasikontinuums keine Selektivität zu erwarten. Deshalb soll im weiteren die Berechnung auf der Grundlage des gesamten Modells, d. h. der Absorption in beiden Bereichen durchgeführt werden.

2.2. *Erweitertes Modell*

Es werden also beide Bereiche im System der Schwingungsformen des Moleküls und die Kopplung zwischen diesen betrachtet. Weiterhin wird auf die rechenaufwendige Behandlung von II verzichtet und ein einfaches statistisches Verfahren verwendet, das in ähnlicher Form auch schon bei anderen Autoren zur Behandlung der Photochemie großer Moleküle eingesetzt wurde [10, 25].

Das Gesamtmodell ist in den Abb. 1 und 2 dargestellt. Die Frequenz der gepumpten Mode beträgt ω_0, die mittlere Frequenz des Wärmebades ω_V. Die Übergabe eines Photons zwischen den Bereichen erfolgt in der Zeit τ. Die Absorption der Laserenergie E_L im Bereich II bewirkt nur eine

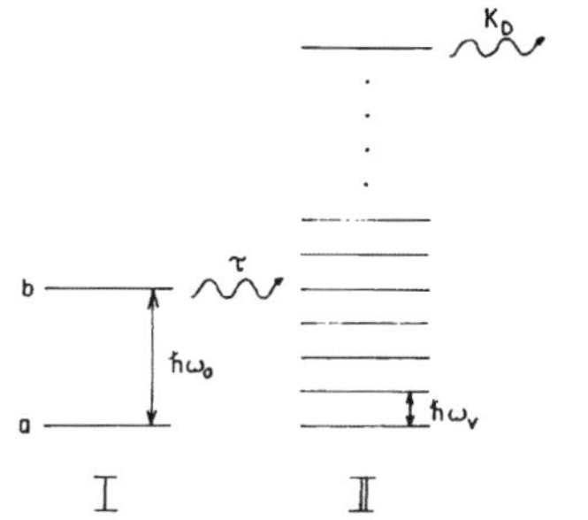

Abb. 1. Modell für die Absorption der Laserenergie und ihre Umverteilung im System der Schwingungsmoden des Moleküls

Bereich I – gepumpte Mode der Frequenz ω_0; Bereich II – Wärmebad aus s entarteten Moden der Frequenz ω_v

K_D – Dissoziationsrate; τ – Zeit für die Übergabe eines Photons von I nach II

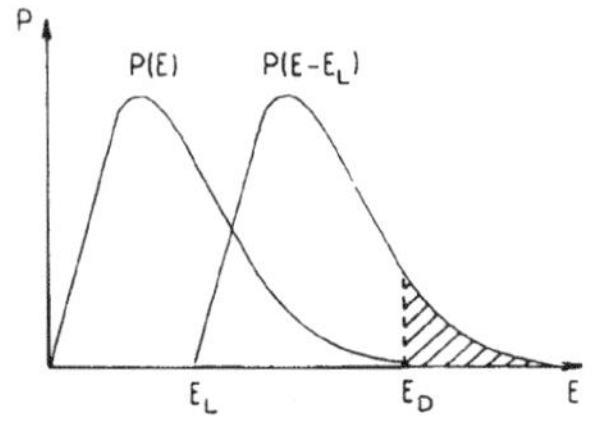

Abb. 2. Anregung im Wärmebad (Bereich II)

E_L – vom Laser absorbierte Energie; E_D – Dissoziationsenergie; P – Besetzungswahrscheinlichkeit

Verschiebung der thermischen Verteilungskurve $P(E)$ auf der Energieskala, aber keine Linienformänderung (es ist weder eine selektive Anregung einzelner Moden noch eine Energieumverteilung zwischen den Molekülen möglich). Alle Moleküle, die mindestens die Dissoziationsenergie besitzen, dissoziieren.

Absorption im Bereich I. Zur Berechnung der Zahl der aus dem Laserfeld absorbierten Photonen wird das Modell des gedämpften Zweiniveausystems von *Casassa* u. a. [26] verwendet. Unter der Voraussetzung großer Verlustraten (Übergaberate $\tau^{-1} \gg$ Pumprate ω_R) ergibt sich für die Besetzungswahrscheinlichkeit des unteren Niveaus

$$|C_a(t)|^2 \approx \exp\left\{-\omega_R^2 t \frac{\tau^{-1}}{4(\omega_L - \omega_0)^2 + \tau^{-2}}\right\} \tag{3}$$

mit

$\omega_R = \mu E/\hbar$ *Rabi*-Frequenz (Maß für die Wechselwirkungsenergie I – Laserfeld)
μ Übergangsdipolmoment
E elektrische Feldstärke des Laserfeldes
ω_L Laserfrequenz

und des oberen Niveaus

$$|C_b(t)|^2 \approx 0 \tag{4}$$

Unter diesen Bedingungen wird die absorbierte Energie sofort in den Bereich II abgegeben und die Besetzungswahrscheinlichkeit des unteren Niveaus hängt nur vom Laserfluß Φ ab, nicht von der Leistung. Die spektrale Abhängigkeit hat die Form einer *Lorentz*-Linie.

Zur Modellierung der Absorption mehrerer Photonen wird folgende Annahme gemacht: Ein Photon sei absorbiert, falls die Besetzungswahrscheinlichkeit des unteren Niveaus auf $^1/e$ abgesunken ist. Der dafür benötigte Fluß sei Φ_1

$$\Phi_1 = C_F^{-1} \cdot \omega_R^2 t_1 = \frac{4(\omega_L - \omega_0)^2 + \tau^{-2}}{C_F \cdot \tau^{-1}} \tag{5}$$

mit $C_F = 7{,}5395664 \cdot 10^{10} \frac{\text{cm}^2}{\text{mJ} \cdot \text{s}}$, $\mu = 0{,}1$ D (Annahme).

Während der Dauer des Laserimpulses mit dem Fluß Φ können dann n_L Photonen absorbiert werden

$$n_L = \frac{\Phi}{\Phi_1} = \frac{\Phi \cdot C_F \cdot \tau^{-1}}{4(\omega_L - \omega_0)^2 + \tau^{-2}} \tag{6}$$

Diese Gleichung berücksichtigt mit der Resonanzfrequenz ω_0 der gepumpten Mode in expliziter Form den Isotopieeffekt des Prozesses und erlaubt gleichzeitig die Berechnung des Absorptionsquerschnittes σ. Bei großen Molekülen hängt letzterer in folgender Weise mit der Absorptionsrate K zusammen [27]

$$K = \sigma \frac{I}{\hbar\omega_L} \tag{7}$$

(I – Intensität des Laserfeldes), bzw. im Impulsbetrieb gilt

$$K = \frac{n_L}{t_P} \tag{8}$$

(t_P – Impulsdauer). Daraus ergibt sich

$$\sigma = \frac{\hbar\omega_L}{\Phi_1} \tag{9}$$

Der Peak-Absorptionskoeffizient σ^P (bei $\omega_L = \omega_0$) hat die Form:

$$\sigma^P = \hbar\omega_0 \cdot C_F \cdot \tau \tag{10}$$

Absorption im Bereich II, Berechnung der Dissoziationswahrscheinlichkeit. Für die Kopplung zwischen I und II wird angenommen, daß die Laserphotonen als Ganzes übernommen werden und die Übergänge in beiden Bereichen streng korreliert sind.

Der Bereich II bestehe aus s entarteten Moden der Frequenz ω_v. Dabei sei die Laserfrequenz etwa ein ganzes Vielfaches von ω_v

$$\frac{\omega_L}{\omega_v} \approx N_v \tag{11}$$

Für die thermische Besetzung wird eine *Boltzmann*-Verteilung angenommen. Vor dem Laserimpuls beträgt die Besetzungswahrscheinlichkeit des Niveaus m

$$P_m = \left[1 - \exp\left(-\frac{\hbar\omega_v}{kT}\right)\right]^s \exp\left(-\frac{m\hbar\omega_v}{kT}\right) \times \frac{(m + s - 1)!}{m!(s - 1)!} \tag{12}$$

danach ist die ganze Verteilungskurve um den Betrag der absorbierten Laserenergie

$$E_L = n_L\hbar\omega_L \tag{13}$$

zu höheren Energien hin verschoben.

Die Dissoziationsenergie E_D entspricht N Laserphotonen

$$E_D = N\hbar\omega_L \tag{14}$$

d. h., ab Niveau NN_v dissoziieren die Moleküle. (Da auch vor dem Laserimpuls schon einige Moleküle dissoziiert sein können, muß die Verteilungsfunktion (12) noch entsprechend normiert werden.) Für die Dissoziationswahrscheinlichkeit ergibt sich dann (s. auch [25])

$$P_D = \sum_{m = NN_v - n_L N_v}^{NN_v - 1} \frac{K_D(m)}{K_D(m) + K_R} P_m \tag{15}$$

mit der Dissoziationskonstante [28]

$$K_D(m) = A\,\frac{(n_L N_V)!\,(n_L N_V - m_D + s - 1)!}{(n_L N_V + s - 1)!\,(n_L N_V - m_D)!} \qquad (16)$$

$$m_D = N N_V - m \qquad (17)$$

A – Frequenzfaktor (s. u.)

In (15) wird die Konkurrenz zwischen Dissoziation und Relaxation, bei der ein Photon aus II nach I zurückgegeben wird, mit berücksichtigt. Eine Abschätzung für die Relaxationsrate K_R ist im Anhang dargestellt. Auf eine ähnliche Art und Weise ließe sich auch die Deaktivierung durch Stöße darstellen, nur daß dabei die Energie nicht an I, sondern an ein anderes Molekül abgegeben würde.

Weiterhin ist zu beachten, daß die im Bereich I absorbierte Laserenergie auch einer gebrochenen Photonenzahl

$$n_L = \{n_L\} + R_{nL} \qquad (0 \leq R_{nL} < 1) \qquad (18)$$

entsprechen kann. In diesem Falle wird angenommen, daß ein entsprechender Teil der Moleküle $\{n_L\}$ Photonen, der Rest $(\{n_L\} + 1)$ Photonen absorbiert hat und das Ergebnis wird in erster Näherung linear interpoliert.

Die für die Rechnung benötigten Parameter (s, τ, H_{anh}, A) werden, wie auch bei *Cox* u. a., an experimentellen Ergebnissen gefittet.

3. Ergebnisse und Diskussion

Zur Überprüfung des Modells wurden zwei eingehend untersuchte Moleküle herangezogen: $UO_2(hfacac)_2 \cdot THF$ und $UO_2(hfacac)_2 \cdot TMP$, deren Daten in Tab. 1 zusammengefaßt sind.

Tab. 1. Verwendete Moleküldaten

	$UO_2(hfacac)_2 \cdot THF$	$UO_2(hfacac)_2 \cdot TMP$
Resonanzfrequenz ω_0, cm^{-1}	956 [29]	954,8 [29]
Isotopieeffekt der Resonanzfrequenz $\omega_0(^{235}U) - \omega_0(^{238}U)$	0,7 [12]	0,65 [29]
Dissoziationsenergie, kJ/mol	138 ± 12 [30] (≙ 12 Photonen)	151 [18] (≙ 13 Photonen)

Tab. 2. Optimierte Werte der Parameter

	s	τ, s	H_{anh}, cm^{-1}
$UO_2(hfacac)_2 \cdot THF$	55	$8 \cdot 10^{-13}$	10
$UO_2(hfacac)_2 \cdot TMP$	60	$1{,}2 \cdot 10^{-12}$	10

Die mittlere Frequenz der Moden im Bereich II wird wie bei *Cox* u. a. für beide Moleküle mit 250 cm^{-1} angenommen [15, 18], d. h. $N_V \approx 4$, auch der Wert für den Frequenzfaktor A der Dissoziationskonstante wird übernommen ($A = 10^{18}\,s^{-1}$ [14]). Zur Bestimmung der anderen Parameter (s, τ, H_{anh} (siehe Anhang)) wird die Flußabhängigkeit der Dissoziationswahrscheinlichkeit an die experimentellen Werte angepaßt (siehe Abb. 3). (Der Parameter H_{anh} geht in die Relaxationsrate K_R ein.) Für $UO_2(hfacac)_2 \cdot THF$ liegt diese experimentell für die Laserlinien P6 (956,2 cm^{-1}) [14] und P10 (952,9 cm^{-1}) [16], für $UO_2(hfacac)_2 \cdot TMP$ für die Linie P8 (954,5 cm^{-1}) [18] vor. Die Temperatur beträgt 390 K. Für die Parameter ergeben sich die in Tab. 2 zusammengefaßten Werte.

Der Wert von H_{anh} wirkt sich nicht auf die Lage und auch nur geringfügig auf die Form der Kurven bei höheren Ausbeuten aus. s und τ dagegen zeigen einen deutlichen Einfluß auf die Lage der Kurve bezüglich der Flußachse.

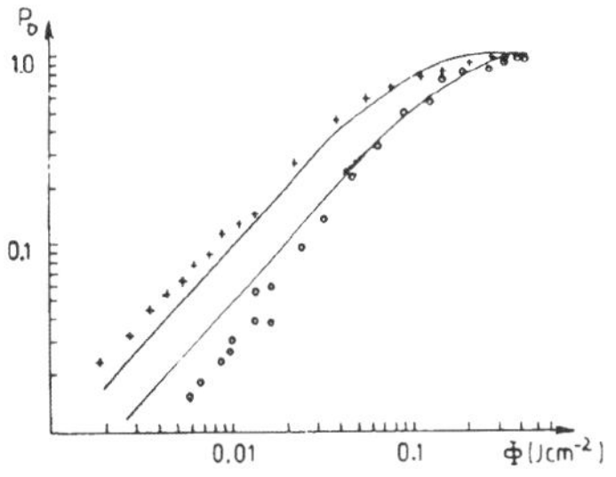

a

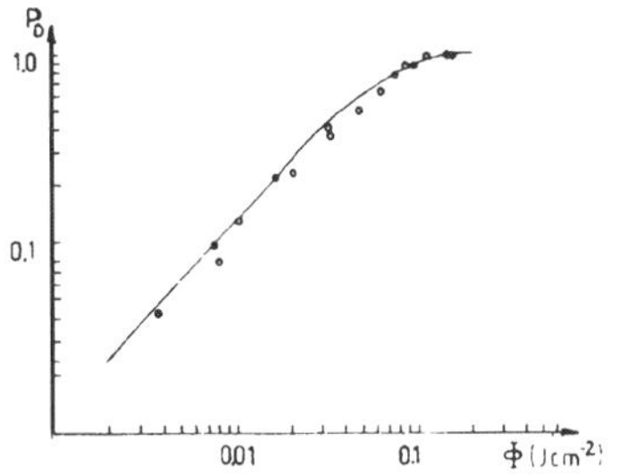

b

Abb. 3. Flußabhängigkeit der Dissoziationswahrscheinlichkeit bei $T = 390$ K
a – $UO_2(hfacac)_2 \cdot THF$: (–) – Theorie, (+) – Experiment P6 [14], (○) – Experiment P10 [16]
b – $UO_2(hfacac)_2 \cdot TMP$: (–) – Theorie, (○) – Experiment P8 [18]

Die erhaltenen Werte für s stimmen gut mit den von *Cox* u. a. angegebenen überein ($UO_2(hfacac)_2 \cdot THF$: $s = 60$ [15], $UO_2(hfacac)_2 \cdot TMP$: $s = 65$ [18]).

Im folgenden werden die optimierten Parameter zur Berechnung weiterer photophysikalischer Molekülgrößen verwendet, um die Richtigkeit der vorgeschlagenen Methode zu überprüfen.

Absorptionsquerschnitt der ν_3-Bande

Die Berechnung des Peak-Absorptionsquerschnitts σ^P der ν_3-Bande nach Gleichung (10) liefert die in Tab. 3 zusammengefaßten Ergebnisse.

Tab. 3. Peak-Absorptionsquerschnitt der ν_3-Bande

		theor.	exp.
$UO_2(hfacac)_2 \cdot THF$	$\sigma^P(THF)$ ($10^{-18}\,cm^2$)	1,1	3,1 ± 0,3 [29]
$UO_2(hfacac)_2 \cdot TMP$	$\sigma^P(TMP)$ ($10^{-18}\,cm^2$)	1,7	5,0 ± 0,2 [29]
	$\sigma^P(TMP)/\sigma^P(THF)$	1,5	1,6

Der Absolutwert von σ^P wird etwa um den Faktor 3 zu klein berechnet, die Unterschiede zwischen den beiden Molekülen werden jedoch richtig widergespiegelt.

Betrachtet man das Frequenzverhalten des Absorptionsquerschnitts für $UO_2(hfacac)_2 \cdot TMP$ nach Gl. (9) und Gl. (5), so beträgt die theoretisch berechnete Halbwertsbreite (Gesamtbreite in halber Höhe) 4,5 cm^{-1}, die experimentell bestimmte 5,3 cm^{-1} [18]. Die theoretische Kurve ist also etwas schmaler. Das stimmt mit der Aussage von *Cox* u. a. überein, daß die experimentelle Linienform der untersuchten ν_3-Bande in den Schwänzen lorentzförmig, im Mittelteil jedoch gaußförmig ist [16]. Die hier verwendete theoretische Linienform ist entsprechend Gl. (6) rein lorentzförmig.

Dissoziationsspektren bei geringen Ausbeuten

In Übereinstimmung mit den experimentellen Ergebnissen [12] tritt keine Rotverschiebung des Dissoziationsspektrums gegenüber der IR-Bande auf. Auch die Übereinstimmung der Linienformen von IR-Bande und Dissoziationsspektrum wird näherungsweise erreicht. Bei $UO_2(hfacac)_2 \cdot TMP$ beträgt die Halbwertsbreite 4,8 cm^{-1} (experimentell 4,9 cm^{-1} [18]), bei $UO_2(hfacac)_2 \cdot THF$ 7,0 cm^{-1} (experimentell 7,9 cm^{-1} [18]). Die Rechnung erfolgte jeweils für einen Fluß von 10 mJ/cm².

Temperaturabhängigkeit der Ausbeute

Bei mittleren Ausbeuten ergibt sich in Übereinstimmung mit dem Experiment [14] eine lineare Temperaturabhängigkeit im Bereich 340–420 K. Auch die Variation der Ausbeute mit der Temperatur entspricht dem experimentellen Ergebnis.

Isotopieeffekt $^{235}U/^{238}U$

Die Isotopieeffekte wurden experimentell nur für das Molekül $UO_2(hfacac)_2 \cdot THF$ untersucht [15]. Die Betrachtung erfolgt für die Laserlinie P10 (952,9 cm^{-1}). Bei dieser Frequenz werden bevorzugt die Moleküle mit ^{238}U dissoziiert. Bei kleinen Flüssen ($\lesssim$10 mJ/cm²) und einer Temperatur von 390 K hat der Isotopieeffekt α ($\alpha \equiv P_D(238)/P_D(235)$) den experimentellen Wert 1,25. Das hier verwendete Verfahren liefert 1,24, also den richtigen Wert. Probleme treten jedoch (wie auch schon bei *Cox* u. a.) bei der Beschreibung der Temperaturabhängigkeit des Isotopieeffekts auf (siehe Tab. 4). Die berechnete Variation ist zu gering.

Tab. 4. Temperaturabhängigkeit des U-Isotopieeffekts der Dissoziationswahrscheinlichkeit ($\Phi \approx 40$ mJ/cm²)

Temperatur K	Experiment [15]	vollständiges Modell diese Arbeit	*Cox* u. a. [15]
390	1,17 ± 0,15	1,3	1,22
340	1,91 ± 0,37	1,5	1,54

4. Zusammenfassung

In der vorliegenden Arbeit wurde ein Modell vorgestellt, das es gestattet, mit einem geringen mathematischen Aufwand wesentliche Ergebnisse der MPD von Uranylverbindungen befriedigend widerzuspiegeln. Es ermöglicht insbesondere, den beobachteten Isotopieeffekt vollständig theoretisch zu erfassen und die Absorption der Laserenergie und ihre Umverteilung aus der angeregten Mode in andere Molekülschwingungsmoden zu beschreiben.

Anhang

Abschätzung der Relaxationskonstante K_R

Die Rückgabe eines Photons an I ist nur möglich, falls dort das untere Niveau besetzt ist

$$K_R = K_{N,N-1} P_a \tag{A1}$$

P_a ist die Besetzungswahrscheinlichkeit im System I

$$P_a = P_a^0 |C_a|^2 \tag{A2}$$

P_a^0 bezeichnet die thermische Besetzung unter Annahme eines Zweiniveausystems

$$P_a^0 = \left[1 + \exp\left(-\frac{\hbar\omega_0}{kT}\right)\right]^{-1} \tag{A3}$$

Während der betrachteten Multiphotonenabsorption verändert sich $|C_a|^2$ ständig zwischen 1 und $1/e$ (s. o.). Da eine Betrachtung des zeitlichen Verlaufs hier nicht möglich ist, wird ein mittlerer Wert $|C_a|^2 = 2/e$ festgelegt:

$$P_a = \tfrac{2}{3} P_a^0 \tag{A4}$$

Die Übergangswahrscheinlichkeit $K_{N,N-1}$ im Bereich II bei Abgabe eines Photons beträgt

$$K_{N,N-1} = \frac{g[s, (N-1) N_v]}{g[s, NN_v]} \cdot K_{N-1,N} \tag{A5}$$

mit dem statistischen Gewicht des Niveaus l

$$g(s, l) = \frac{(s + l - 1)!}{(s-1)!\, l!} \tag{A6}$$

und der Übergangswahrscheinlichkeit $K_{N-1,N}$ bei Absorption eines Photons [31]

$$K_{N-1,N} = \frac{(\omega_R^{II})^2}{\gamma_{N-1,N}} \tag{A7}$$

ω_R^{II} ist dabei die *Rabi*-Frequenz (s. o.) für den Bereich II, d. h. τ^{-1}, $\gamma_{N-1,N}$ – die Breite des betrachteten Übergangs aufgrund der Phasenrelaxation

$$\gamma_{N-1,N} = 2\left(\frac{1}{T_2}\right)_{N-1,N} \tag{A8}$$

Für die Phasenrelaxation wird folgender Ansatz verwendet [32]

$$\left(\frac{1}{T_2}\right)_{N-1,N} = \frac{\omega_{N-1} + \omega_N}{\hbar} = \frac{2\pi H_{anh}^2}{\hbar} \{\varrho^{sqe}(s, (N-1) N_v \hbar\omega_v) + \varrho^{sqe}(s, NN_v \hbar\omega_v)\} \tag{A9}$$

$$\varrho^{sqe}(s, E) = \frac{s(s-1)}{\hbar\omega_v} \times \frac{(E/\hbar\omega_v)^2}{(E/\hbar\omega_v + s - 1)(E/\hbar\omega_v + s - 2)} \tag{A10}$$

H_{anh} ist ein anzupassender Parameter, er entspricht etwa der Anharmonizität der Schwingung.

Bei der Variation von H_{anh} und damit der Übergangswahrscheinlichkeit im Bereich II ist jedoch zu beachten, daß das hier verwendete Modell nur gilt, falls der geschwindigkeitsbegrenzte Schritt die Absorption im Bereich I ist. Dies setzt für H_{anh} gewisse Grenzen.

Eingegangen am 23. 5. 1985

Literatur

[1] *D. M. Goodall, C. G. Cureton*, Chem. in Britain **1983**, 493
[2] *C. B. Moore* (ed.) "Chemical and biochemical applications of lasers", Vol. III. New York: Academic Press 1977
[3] *J. I. Steinfeld* (ed.) "Laser-induced chemical processes", New York: Plenum Press 1981
[4] *K. A. Holbrook*, Chem. Soc. Rev. **2** (1983) 163 und Zitate darin
[5] *V. S. Letochov, C. B. Moore*, Kvant. Elektr. **3** (1976) 248 u. 485
[6] *J. B. Marling, I. P. Herman, S. J. Thomas*, J. Chem. Phys. **72** (1980) 5603
[7] *G. I. Abduševišvili, O. N. Avatkov, V. N. Bagratašvili, V. Ju. Baranov, A. B. Bachtadze, E. P. Velichov, V. M. Vecko, I. G. Gverdciteli, V. S. Dolžikov, G. G. Esadze, S. A. Kazakov, Ju. R. Kolomiskij, V. S. Letochov, S. V. Pigul'skij, V. D. Pis'mennyj, E. A. Rjabov, G. I. Tkešelašvili*, Kvant. Elektr. **9** (1982) 743
[8] *S. Mukamel, J. Jortner*, Chem. Phys. Lett. **40** (1976) 150
[9] *J. E. Eberhardt, R. B. Knott, A. W. Pryor*, Chem. Phys. **69** (1982) 45
[10] *X. Zheng, Z. Xu, F. Kong*, Chem. Phys. Lett. **85** (1982) 418

[11] *A. Kaldor, R. B. Hall, D. M. Cox, J. A. Horsley, P. Rabinowitz, G. M. Kramer*, J. Amer. Chem. Soc. **101** (1979) 4465
[12] *D. M. Cox, R. B. Hall, J. A. Horsley, G. M. Kramer, P. Rabinowitz, A. Kaldor*, Science **205** (1979) 390
[13] *D. M. Cox, E. T. Maas*, Chem. Phys. Lett. **71** (1980) 330
[14] *D. M. Cox, J. A. Horsley*, J. Chem. Phys. **72** (1980) 864
[15] *J. A. Horsley, D. M. Cox, R. B. Hall, A. Kaldor, E. T. Maas, E. B. Priestley, G. M. Kramer*, J. Chem. Phys. **73** (1980) 3660
[16] *R. B. Hall, A. Kaldor, D. M. Cox, J. A. Horsley, P. Rabinowitz, G. M. Kramer, R. G. Bray, E. T. Maas*, Infrared Laser Chemistry of Complex Molecules, in: Adv. Chem. Phys. Vol. 47, Part 1. New York: John Wiley & Sons 1981, pp. 639
[17] *D. T. Dietz, M. A. Duncan, R. E. Smalley, D. M. Cox, J. A. Horsley, A. Kaldor*, J. Chem. Phys. **77** (1982) 4417
[18] *R. G. Bray, D. M. Cox, R. B. Hall, J. A. Horsley, A. Kaldor, G. M. Kramer, M. R. Levy, E. B. Priestley*, J. Phys. Chem. **87** (1983) 429
[19] *A. Ekstrom, H. J. Hurst, C. H. Randall, R. W. Whittem*, J. Phys. Chem. **86** (1982) 2375
[20] *A. Ekstrom, H. J. Hurst, H. Loeh, C. H. Randall*, Chem. Phys. Lett. **86** (1982) 7
[21] *J. E. Eberhardt, I. E. Hoare, D. A. Johnson, R. B. Knott, A. W. Pryor, A. B. Waugh*, Chem. Phys. **72** (1982) 41
[22] *J. E. Eberhardt, R. B. Knott, A. W. Pryor*, Chem. Phys. **72** (1982) 51
[23] *P. Rabinowitz, A. Stein, A. Kaldor*, Opt. Commun. **27** (1978) 381
[24] *M. Tamir, R. D. Levine*, Chem. Phys. Lett. **46** (1977) 208
[25] *W. Forst*, "Theory of unimolecular reactions". New York: Academic Press 1973, pp. 235
[26] *M. P. Casassa, D. S. Bomse, K. C. Janda*, J. Chem. Phys. **74** (1981) 5044
[27] *J. E. Eberhardt, R. B. Knott, A. W. Pryor*, Chem. Phys. **69** (1982) 45
[28] *P. J. Robinson, K. A. Holbrook*, "Unimolecular reactions". New York: Wiley-Interscience 1972, p. 54
[29] *R. G. Bray*, Spectrochim. Acta **A39** (1983) 559
[30] *R. L. Woodin, D. M. Cox, R. B. Hall, A. Kaldor*, J. Phys. Chem. **85** (1981) 2898
[31] *B. W. Shore, M. A. Johnson*, J. Chem. Phys. **68** (1978) 5631
[32] *J. Stone, E. Thiele, M. F. Goodman, J. C. Stephenson, D. S. King*, J. Chem. Phys. **73** (1980) 2259

Isotopenpraxis **22** (1986) 5, S. 169 bis 174

Instrumentelle Neutronenaktivierungsanalyse tertiärer Magmatite aus dem Süden der DDR

B. Gleisberg, S. Niese

(Zentralinstitut für Kernforschung Rossendorf, AdW der DDR)[1])

L. Pfeiffer

(Bergakademie Freiberg, Sektion Geowissenschaften)[2])

Die Instrumentelle Neutronenaktivierungsanalyse wird zur Bestimmung von 20 Spurenelementen sowie von Natrium und Eisen in 9 Phonolithen und 45 anderen basaltischen Gesteinen angewandt. Es werden Mittelwerte und Konzentrationsintervalle der bestimmten Elemente angegeben. Ein Vergleich einiger mittels optischer Analysenmethoden erzielter Ergebnisse für Fe und Na ergibt durchschnittliche relative Abweichungen um 3% und für Ba, Cr und Ni um 20%. Die Ergebnisse einiger durch Messung der natürlichen Radioaktivität parallel bestimmter U- und Th-Gehalte zeigen Abweichungen von ca. 10%. Die Eignung von Cr, Sc und Th als Differentiationsindikatoren für Magmen wird diskutiert.

In tertiary magmatites from the south of GDR the contents of Na, Fe and 20 trace elements are determined by INAA. For 9 phonolithes and other basaltic rocks mean values and concentration intervals of the elements determined are represented. Comparison of some results determined parallel with optical analytical methods give average deviations for Fe and Na of approximately 3% and for Ba, Cr and Ni of about 20%. The results of U- and Th-determination are compared by measurements of natural radioactivity. Average deviations run to 10%. The use of Cr, Sc and Th as indicator elements of magmatic differentiation is discussed.

Keywords

basalt; igneous rocks; interfering elements; neutron activation analysis; trace elements

1. Einleitung

Basalte, die ihre Entstehung Vorgängen im Erdmantel verdanken, sind neben Ultrabasiten eine Gesteinsgruppe, deren geochemische Untersuchung Auskünfte über die Zusammensetzung des oberen Mantels und der tieferen Kruste und über dort ablaufende Prozesse geben kann. Deshalb wurden Gesteinsproben tertiärer Vulkanite aus dem Süden der DDR aktivierungsanalytisch untersucht. Die Probenaufschlüsse sowie die geotektonische Situation sind eingehend von *Pfeiffer* [1] beschrieben worden. Die Magmenförderungen im Süden der DDR sind z. T. Ausläufer des in der ČSSR gelegenen Zentrums. Im Untersuchungsgebiet, das sich von der Lausitz und dem Zittauer Gebirge (L) über die Elbtalzone und das Osterzgebirge (E) und das mittlere und Westerzgebirge bis ins Vogtland (M) erstreckt, wurden folgende dort auftretende Gesteinsvergesellschaftungen analysiert: Olivin-Augit-Nephelinit (OAN), Olivin-Augit Tephrit (OAT), Augit-Nephelinit (AN), Augit-Tephrit (AT) und Phonolith (P) [1].

[1]) Anschrift: DDR-8051 Dresden, Postfach 19
[2]) Anschrift: DDR-9200 Freiberg, Brennhausgasse 14

2. Instrumentelle Neutronenaktivierungsanalyse (INAA)

Im Berylliumreflektor des Rossendorfer Forschungsreaktors wurden bei einer thermischen Neutronenflußdichte von $\Phi = 3 \ldots 8 \cdot 10^{13}$ n cm^{-2} · s^{-1} Probenserien von je 8 Proben und zwei Standardgesteinen (Einwaage 0,6 g) sowie Fe-Blechen als Flußmonitore eine Stunde im vollen Neutronenfluß und parallele Serien hinter einer Cadmiumhülle fünf Stunden bestrahlt.

Nach dem Abklingen kurzlebiger Nuklide (ca. 3 Tage) erfolgen nach Entfernung des Verpackungsmaterials die

Tab. 1. Bestrahlungs- und Meßbedingungen für Basalte

Element	Nachweis-Nuklid	Abkühlzeit, d	Linie keV	mit Cd	ohne Cd	korrig. Störungen
Ga	^{72}Ga	4	630	x		–
Na	^{24}Na	4	1369, 1732		x	–
W	^{187}W	4	480, 684	x		(^{181}Hf)
As	^{76}As	4	559	x		–
Br	^{82}Br	4	777	x		–
La	^{140}La	4	1595, 487	x	(x)	U-Spaltung
Sm	^{153}Sm	4	103	x	(x)	^{239}Np
U	^{239}Np	4, 10	278	x		–
Sb	^{122}Sb	4, 10	564	x		(^{152}Eu, ^{134}Cs)
Mo	^{99m}Tc	10	140	x	x	U-Spaltung
Yb	^{175}Yb	10	283, 396		x	^{239}Np, ^{233}Pa
Lu	^{177}Lu	10	208		x	^{239}Np
Nd	^{147}Nd	10	531, (91)		x	U-Spaltung
Ba	^{131}Ba	10, 30	496	x	(x)	–
Rb	^{86}Rb	10, 30	1077	x	(x)	–
Th	^{233}Pa	10, 30	312	x	(x)	(^{239}Np)
Cr	^{51}Cr	10, 30	321	(x)	x	(U-Spaltung)
Yb	^{169}Yb	10, 30	177	x	(x)	^{182}Ta, ^{160}Tb
Ce	^{141}Ce	(10), 30	146	x		U-Sp., ^{59}Fe
Hf	^{181}Hf	10, 30	482	x	x	U-Spaltung
Fe	^{59}Fe	(10), 30	1099	(x)	x	–
Sb	^{124}Sb	30	1691	x		–
Ni	^{58}Co	30	811	x		–
Tb	^{160}Tb	30	879, 966	x		(^{46}Sc) (^{152}Eu)
Sc	^{46}Sc	30	889	(x)	x	–
Cs	^{134}Cs	30	797	x		–
Co	^{60}Co	30	1173, 1333	(x)	x	–
Eu	^{152}Eu	30	1408, 779		x	–
Ta	^{182}Ta	30	1189, 1222	x		–

Bei 4 d Abkühlzeit beträgt die Meßzeit t_m = 600 s
Bei 10 d Abkühlzeit beträgt die Meßzeit t_m = 2000 s
Bei 30 d Abkühlzeit beträgt die Meßzeit t_m = 3000 s

ersten Messungen mit Hilfe eines Ge(Li)-Halbleiterdetektors. Zehn Tage nach der Bestrahlung folgt eine zweite und 30 Tage nach der Bestrahlung eine dritte Messung. Durch diese Wahl der Bestrahlungs- und Meßbedingungen kann ein breites Spektrum von Elementen analysiert werden. Elementpalette, Analysenparameter und korrigierte Störungen sind in Tab. 1 aufgeführt [1, 3].

Die Auswertung der Spektren erfolgte nach verschiedenen Varianten:

1. Addition bzw. Subtraktion von Kanalinhalten interessierender Peaks bzw. deren Untergrund mittels Mikrorechner [4] bzw. Handauswertung.
2. Mit einem Schnellauswerteprogramm SUCH [5], welches eine automatische Peaksuche und die Berechnung der untergrundbefreiten Peakfläche durchführt mit dem KRS 4201.
3. Mit dem Programm SEARCH II [6] auf einer mittelschnellen Rechenanlage.

In Tab. 2 sind die nach diesen Varianten berechneten Impulsraten einiger Nuklide verglichen.

Tab. 2. Ermittlung von Impulsraten nach unterschiedlichen Auswertemethoden

Nuklid	E_γ keV	Probe	IpS Var. 1, s	IpS Var. 2, s	IpS Var. 3, s
^{239}Np	278	1	23,80 (0,3)	25,10 (0,3)	23,96 (0,4)
		2	3,52 (0,3)	3,54 (0,3)	3,52 (0,4)
^{82}Br	777	1	2,38 (0,2)	3,52 (0,2)	2,44 (0,2)
		2	2,56 (0,2)	3,40 (0,2)	2,50 (0,2)
^{141}Ce	146	1	2,00 (0,2)	2,87 (0,2)	2,29 (0,2)
		2	0,32 (0,04)	0,53 (0,04)	0,09 (0,03)
^{233}Pa	312	1	6,66 (0,1)	6,77 (0,1)	6,11 (0,1)
		2	5,00 (0,1)	3,93 (0,1)	4,99 (0,1)
^{99m}Tc	140	1	0,06 (0,03)	–	–
		2	9,38 (0,2)	9,82 (0,2)	11,10 (0,2)

Für die Berechnung von Mehrfachpeaks ist aufgrund der Möglichkeit der manuellen Festlegung von Peakbreite und Untergrund die 1. Variante am besten geeignet; sie konnte durch die Erweiterung der Laborausstattung mit Mikrorechnern realisiert werden. Diese Methode bietet die günstigste Voraussetzung für die Korrektur der Störlinien innerhalb einer Serie und zur Ermittlung der Nachweisgrenzen.

3. Vergleich der Ergebnisse verschiedener Analysenmethoden

Die mittels INAA erhaltenen Na- und Fe-Gehalte können mit den Ergebnissen von lösungsspektralanalytischen bzw. flammenphotometrischen Bestimmungen [1] verglichen werden (vgl. Abb. 1 und 2). Die durchschnittlichen Abweichungen betragen etwa 3%. In Proben wurden zusätzlich nach einem HF-HNO_3-$HClO_4$-Aufschluß mittels Flammenphotometrie für Na bzw. mittels Atomabsorptionsspektralphotometrie für Fe (AAS 1 N, VEB C. Z. Jena)

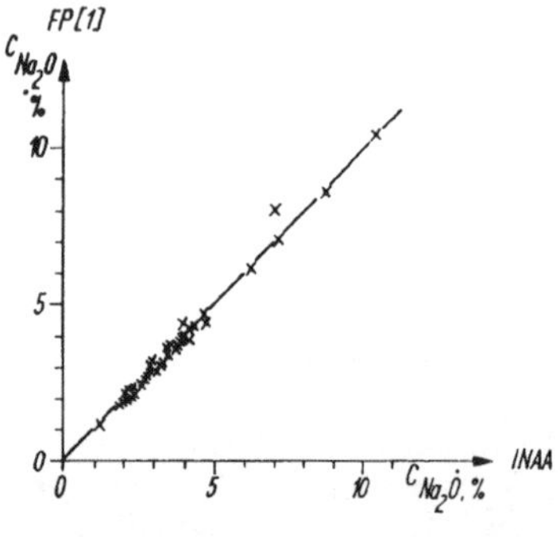

Abb. 1. Vergleich flammenphotometrisch (FP) bzw. aktivierungsanalytisch bestimmter Na-Gehalte

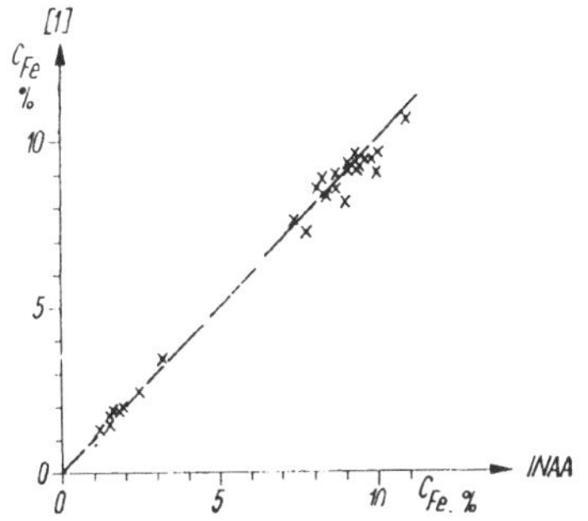

Abb. 2. Vergleich lösungsspektralanalytisch bzw. aktivierungsanalytisch bestimmter Fe-Gehalte

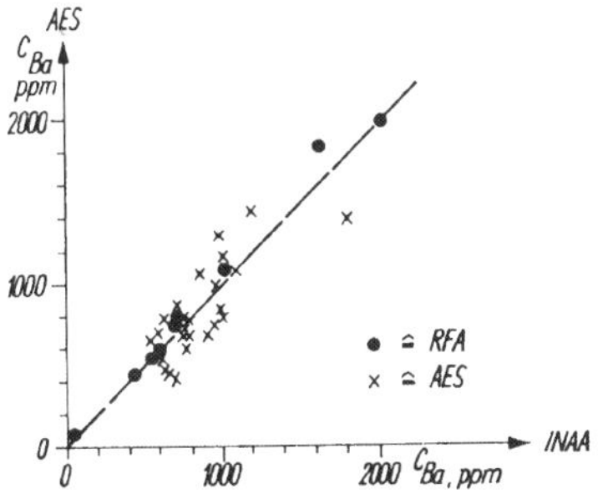

Abb. 3. Vergleich emissionsspektralanalytisch bzw. aktivierungsanalytisch bestimmter Ba-Gehalte

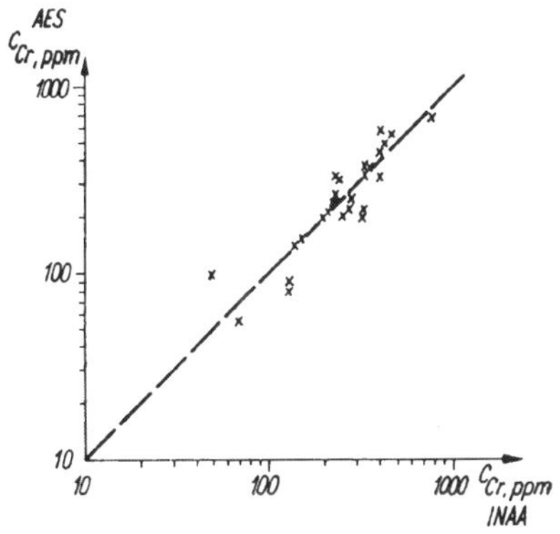

Abb. 4. Vergleich emissionsspektralanalytisch bzw. aktivierungsanalytisch bestimmter Cr-Gehalte

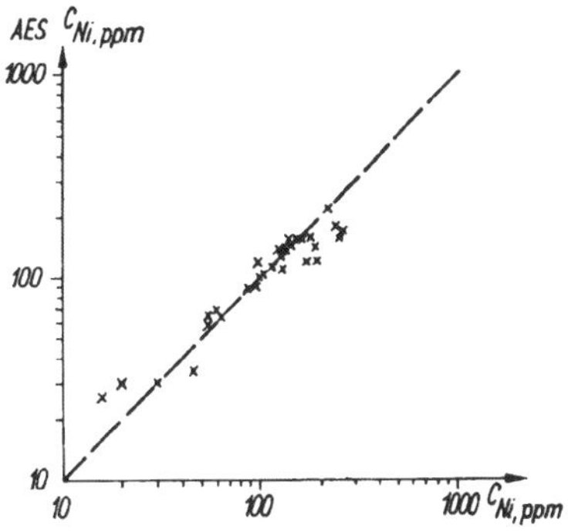

Abb. 5. Vergleich emissionsspektralanalytisch bzw. aktivierungsanalytisch bestimmter Ni-Gehalte

diese Gehalte kontrolliert, wobei eine gute Übereinstimmung erzielt wurde. Weiterhin waren Vergleiche der Gehalte an Ba, Cr und Ni mit emissionsspektralanalytisch ermittelten Werten möglich. Allerdings treten hier, wie Abb. 3, 4 und 5 zeigen, größere Unterschiede auf (mittlere Abweichungen um 20%), die teilweise außerhalb der Fehlergrenze (3 s) der INAA liegen. Für die Werte der AES liegen keine Fehlerangaben vor.

Vergleiche zwischen aktivierungsanalytisch bestimmten Elementgehalten und mittels Röntgenfluoreszenz ermittelten Ergebnissen zeigen eine gute Übereinstimmung [7].

Die Resultate der Uranium- und Thorium-Bestimmung wurden mit Ergebnissen der Messung der natürlichen Radioaktivität in einem Low-level-Laboratorium [8] verglichen. Tab. 3 zeigt einen Überblick der benutzten Linien sowie die Ergebnisse im Vergleich mit der INAA. Die durchschnittlichen Abweichungen liegen bei 10%. Die Meßdauer im Low-level-Laboratorium betrug 16 – 24 Stunden. Es kam ein Ge(Li)-Halbleiterdetektor mit einem aktiven Volumen von 75 cm³ zum Einsatz. Als Standardgestein diente Greisen GnA. Je Probe wurden 20 g Gesteinspulver eingesetzt.

4. Ergebnisse

Für die Diskussion der Ergebnisse werden die in der Einleitung genannten Gesteinsvergesellschaftungen in zwei wesentliche Gruppen eingeteilt:

a) tertiäre Effusivgesteine (ohne Phonolithe)
b) Phonolithe

Tab. 3. Vergleich der Uranium- und Thorium-Ergebnisse durch INAA bzw. durch Messung der natürlichen Radioaktivität

Element	Energie keV	Nuklid	Gehalte, ppm		*s*, ppm			
			Probe 1	Probe 2	Probe 3	Probe 4	Probe 5	Probe 6
Th	239	^{212}Pb	9,3 (0,4)	38,5 (1,2)	10,5 (0,3)	14,6 (0,5)	20,0 (1,0)	7,2 (0,7)
	583	^{208}Tl	11,9 (1,0)	36,1 (1,8)	13,2 (1,3)	17,0 (0,9)	24,7 (1,3)	8,0 (0,9)
	911	^{228}Ac	14,9 (1,6)	38,9 (3,0)	11,4 (1,8)	18,0 (1,7)	26,3 (1,7)	6,0 (0,6)
	964	^{228}Ac	10,3 (2,0)	48,9 (4,7)	13,4 (1,8)	17,9 (1,8)	22,8 (2,3)	8,2 (1,2)
	969							
		$\bar{x}$	11,6 (2,4)	40,6 (5,6)	12,1 (1,4)	16,8 (1,6)	23,5 (2,7)	7,3 (1,0)
		$\bar{x}$(NAA)	11,5 (1,0)	43,8 (0,7)	13,3 (0,4)	17,1 (0,4)	28,5 (0,5)	6,4 (0,5)
U	186	^{235}U ^{226}Ra	5,0 (0,5)	10,9 (1,0)	4,6 (0,5)	5,8 (0,5)	7,1 (0,6)	2,2 (0,4)
	295	^{214}Pb	4,75 (0,5)	11,5 (0,6)	3,8 (0,4)	5,0 (0,4)	7,15 (0,4)	1,7 (0,3)
	352	^{214}Pb	4,85 (0,3)	11,9 (0,4)	3,6 (0,2)	5,0 (0,3)	6,6 (0,3)	2,4 (0,2)
	609	^{214}Bi	4,84 (0,3)	11,5 (0,6)	4,2 (0,4)	5,9 (0,3)	6,9 (0,3)	2,0 (0,2)
		$\bar{x}$	4,86 (0,1)	11,45 (0,4)	4,1 (0,4)	5,4 (0,5)	6,9 (0,2)	2,1 (0,3)
		$\bar{x}$(NAA)	4,8 (0,1)	10,8 (0,1)	3,4 (0,1)	4,2 (0,1)	7,2 (0,1)	1,8 (0,05)

$\bar{x}$ = Mittelwert
$\bar{x}$(NAA) = Mittelwert (Aktivierungsanalyse)

Tab. 4. Spurenelementgehalte tertiärer Magmatite im Südteil der DDR

	Gruppe a)					Gruppe b)						
Element	$\bar{x}$, ppm	s, ppm	Zw, ppm	Bereich, ppm	N	Lit. [10]	$\bar{x}$, ppm	s, ppm	Zw, ppm	Bereich, ppm	N	Lit. [11; 10]
Sc	30,2	9,3	28	10 – 55	45	–	(L) 0,51	0,2	0,57	0,2 – 0,9	8	1,8; –
							(M) 3,7	–	–	–	1	
Cr	250	170	260	13 – 777	45	–	–	–	–	1,2 – 15	9	46; –
Co	63	14	65	20 – 118	45	–	19	8,2	19	10 – 33	9	– –
Ni	154	116	130	16 – 591	43	–	–	–	–	11 – 74	9	38; –
As	–	–	–	0,2 – 2,9	45	–	6,2	4,6	3	2 – 15,6	9	– –
Rb	51,1	26,8	51	10 – 210	43	–	197	53	155	143 – 275	8	–
Mo	–	–	–	1,1 – 16,7	35	–	–	–	–	3 – 15	7	– –
Sb	0,27	0,1	0,28	0,05 – 0,8	41	–	1,0	1,1	0,54	0,2 – 3,7	7	– –
Cs	(L) 0,6	0,2	0,6	0,25 – 1,2	22		3,2	1,2	2,6	1,8 – 5,3	9	5,9; –
	(E) 7,9	20	1,24	0,5 – 65	10	–						
	(M) 3,8	5,4	1,4	0,5 – 16	13							
Ba	752	175	742	533 – 1190	45	–	–	–	320	70 – 2014	9	553; –
La	75	20	68	49 – 151	45	65	142	41	158	93 – 187	9	70; 94
Ce	135	41	117	80 – 251	45	109	195	77	196	100 – 304	9	113; 123
Sm	10,8	2,2	10,4	7,8 – 18,2	45	8,8	5,5	3,3	6,0	2 – 10,7	9	5,7; 3,7
Eu	3,4	0,62	3,3	2,6 – 5,3	45	2,9	1,5	1,0	1,2	0,5 – 3,2	9	1,49; 0,64
Tb	1,0	0,24	1,0	0,6 – 1,7	45	0,9	0,66	0,35	0,64	0,3 – 1,3	9	0,56; 0,4
Lu	0,38	0,1	0,35	0,24 – 0,64	45	0,3	0,55	0,23	0,5	0,2 – 0,96	9	0,46; 0,48
Hf	7,6	1,8	7,5	5,2 – 12,5	45	–	19,2	5,6	17,8	12,6 – 28,6	9	11; 8 –
Ta	6,6	1,7	6,2	4,4 – 13,4	45	–	8,8	6,2	5,5	2 – 17,6	9	35;
Th	9,1	3,6	8,5	4,7 – 16,8	45	–	28,5	9,3	28,6	16,6 – 43,8	9	32; –
U	2,0	0,7	1,8	1,3 – 3,8	44	–	7,0	3,3	5,8	3 – 13,9	9	6,1; –

$\bar{x}$ = Mittelwert
s = Standardabweichung
Zw = Zentralwert

Es wurde festgestellt, daß die Unterschiede im Spurenelementchemismus von Ost nach West so gering waren, daß mit Ausnahme der Cs-Werte für Gruppe a) und der Sc-Werte der Phonolithe vorerst keine territoriale Untergliederung vorgenommen wurde. Die Ergebnisse sind zusammengefaßt in Tab. 4 dargestellt und werden mit Literaturergebnissen verglichen [9, 10].

Auf einige Elementbeziehungen, die die aktivierungsanalytische Untersuchung von Spurenelementen verdeutlicht, soll hier etwas näher eingegangen werden.

4.1. Korrelation der Scandium — und Magnesiumkonzentrationen

Die Abb. 6 widerspiegelt die Sc-MgO-Korrelation. Für die tertiären Effusivgesteine (ausschließlich Phonolith) liegen die Sc-Gehalte zwischen 16 und 54 ppm. Für die olivinhaltigen Gesteine liegt der Mittelwert bei 28,2 ppm; $s = 5{,}1$.

30,2 ppm ist gleichzeitig der Mittelwert für alle tertiären Effusivgesteine einschließlich derer ohne Olivinanteil.

Für die Phonolithe der Lausitz werden Sc-Gehalte zwischen 0,2 und 0,9 ppm mit 0,51 ppm als Zentralwert ermittelt. Gehalte zwischen 1 und 15 ppm Sc sind sehr selten. Ein Phonolith des Erzgebirges weist mit 3,7 ppm einen höheren Sc-Gehalt auf. Zwischen beiden Bereichen tritt

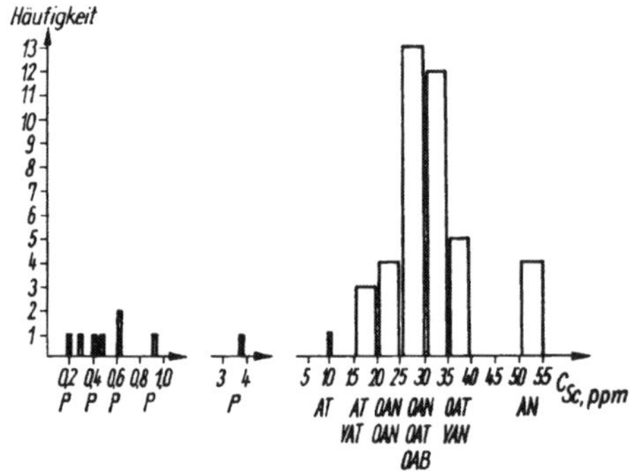

Abb. 7. Verteilung der Sc-Gehalte in einzelnen Gesteinsvergesellschaftungen

ein Sc-Gehalt von 10 ppm bei einem AT (mit 2% MgO einziger Vertreter zwischen 1,6 und 4,4% MgO) auf. Die Verteilung der Sc-Gehalte in einzelnen Gesteinsvergesellschaftungen ist in Abb. 7 dargestellt.

4.2. Chromium — Magnesium

Diese Korrelation wird in Abb. 8 dargestellt.

Im Bereich von 5% MgO bis 12% MgO erhöht sich der Cr-Gehalt mit wachsendem Mg-Gehalt von 15 auf 400 ppm.

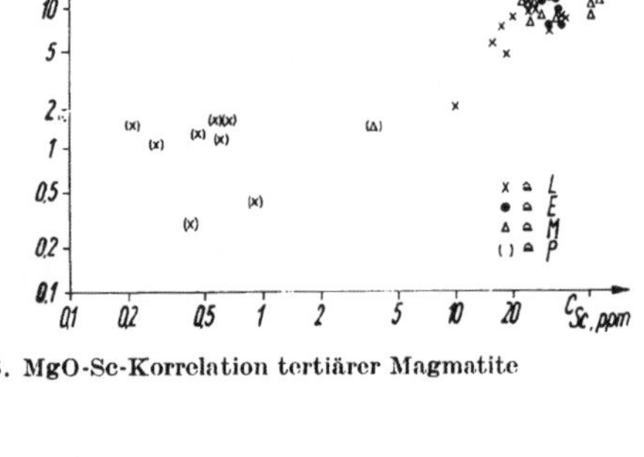

Abb. 6. MgO-Sc-Korrelation tertiärer Magmatite

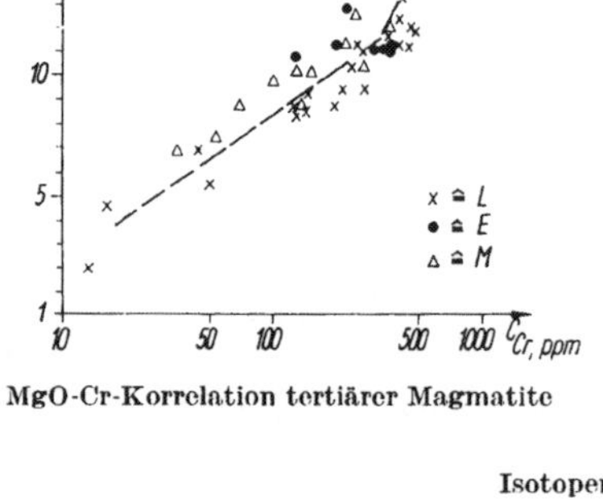

Abb. 8. MgO-Cr-Korrelation tertiärer Magmatite

Die folgende empirische Beziehung beschreibt die gefundenen Konzentrationen mit guter Näherung:

$$C_{Cr} \approx k \cdot 10^{c_{MgO}/6}$$

$$C_{Cr}\,[\mathrm{ppm}], \quad C_{MgO}\,[\%], \quad k \approx 3{,}5-5$$

Sie könnte ein Hinweis auf fraktionierte Auskristallisation eines Mg-haltigen Minerals mit hohem Verteilungskoeffizient für Cr, z. B. Pyroxen [11], sein. Dagegen ist im Bereich von 12–18% MgO ein annähernd linearer Zusammenhang erkenntlich. Vermischung oder auch Olivinauskristallisation wären denkbare Prozesse, die beim Magmenaufstieg stattgefunden haben könnten. Der Cr-Gehalt der Phonolithe ist so gering, daß er mittels INAA nicht genau bestimmbar ist (≤ 15 ppm).

4.3. *Seltenerdelemente*

Die Gruppe der Seltenerdelemente (SEE) ist ein charakteristischer Indikator für den Differentiationsgrad des Magmas. Die SEE-Verteilung dieser Gesteinserien zeigt ihren typischen kontinentalen Charakter, eine Anreicherung von leichten SEE [12] (vgl. Abb. 9) im Vergleich mit dem für die Analysen verwendeten geologischen Standardgestein BM (Basalt — Mellenbach), einem wesentlich älteren Basalt. Die Summe der SEE (einschließlich Y) beträgt für Gruppe a) 210–645 ppm und für Phonolithe 350–600 ppm.

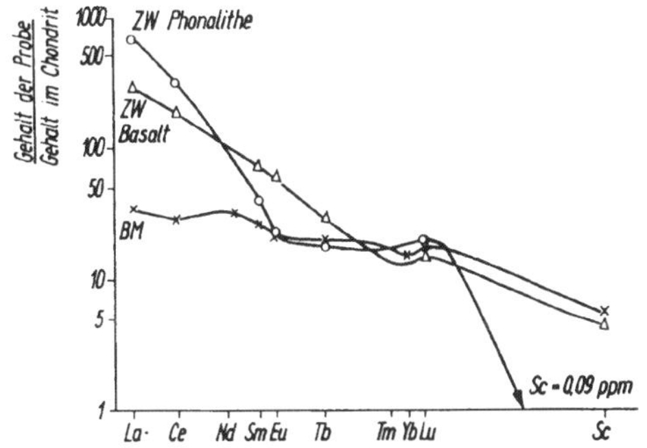

Abb. 9. Chondritnormierte Verteilungskurven für Seltenerdelemente

4.4. *Thorium-Lanthan-Beziehungen*

Die Th-Gehalte der Gruppe a) liegen zwischen 4,7 und 16,8 ppm, die der Phonolithe zwischen 16,6 und 43,8 ppm. Th gehört aufgrund seines großen Ionenradius zur Reihe der inkompatiblen Elemente, d. h., Th ist „unverträglich" für den kristallchemischen Einbau in die Minerale der Mantelgesteine [11]. Solche Elemente werden durch partielles Schmelzen bevorzugt aus dem oberen Mantel extrahiert. Benutzt man Th als neue Bezugsbasis für die Korrelation mit anderen Elementen, kann dies Auskünfte geben über deren Verhalten bei der Fraktionierung in dieser basaltischen Gesteinsgruppe [11]. Bei den tertiären Effusivgesteinen (ausschließlich Phonolithe) steigen die Konzentrationen an Lanthan mit denen an Thorium an (s. Abb. 10). Folgender empirischer Zusammenhang wird vermittelt:

$$\lg C_{La} \approx 1{,}2 + 0{,}7 \cdot \lg C_{Th} \pm 0{,}1$$

$$C_{La},\ C_{Th}\,[\mathrm{ppm}]$$

Das zeigt, daß La besser als Th in die ausgeschiedenen Minerale eingebaut wird, was für Pyroxene auch zutrifft [12].

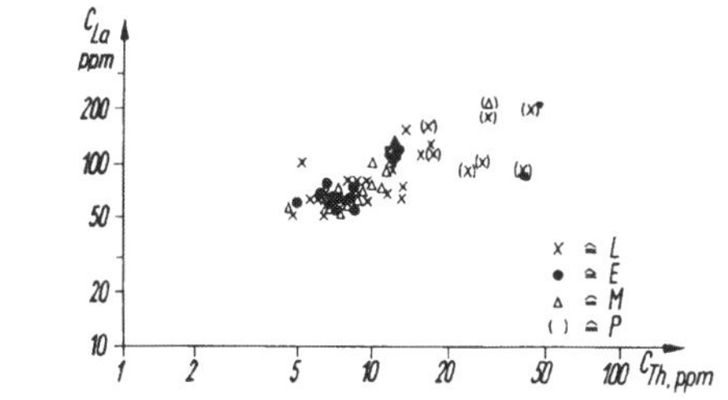

Abb. 10. Lanthan-Thorium-Korrelation tertiärer Magmatite

Ausgeprägte Änderungen im La/Th-Verhältnis treten bei den Phonolithen auf. Es gibt hier, wenn auch z. Z. nur durch je einen Vertreter besetzt, vier Typen:

Th-arm — La-arm
Th-reich — La-reich
Th-arm — La-reich
Th-reich — La-arm.

Noch ist unklar, ob man sie als Vertreter zweier durch steigende Th-Gehalte gekennzeichnete Entwicklungslinien betrachten kann, z. B. eine La-arme und La-reiche Linie. Letztere ließe sich auch bei Gruppe a) bis zu Th-Gehalten von 13 ppm zurückverfolgen. Untersuchungen weiterer Phonolithe sollen genauere Auskunft über deren Genese geben.

5. Schlußfolgerungen

Die Untersuchungsmethodik der INAA zur Spurenelementbestimmung in tertiären Effusiva erweitert das bisherige Bild beträchtlich. Eine derartig breite Elementpalette kann zur Aufklärung des komplexen Chemismus beitragen. Für das Gebiet der DDR liegt eine umfassende Diskussion über Haupt- und Spurenelemente unter Einbeziehung der SEE in der Literatur nur vom Heldburger Phonolith vor. In der vorliegenden Arbeit konnte besonders die Eignung von Cr, Sc und Th als Differentiationsindikatoren herausgearbeitet werden. Gleichzeitig werden aber auch die Grenzen der INAA deutlich. Bei den hohen Th/Cr-Verhältnissen der Phonolithe lassen sich die Cr-Gehalte nur noch mit radiochemischen Methoden genügend genau bestimmen.

Eingegangen am 16. 5. 1985
in überarbeiteter Fassung am 19. 7. 1985

Literatur

[1] *L. Pfeiffer*, Beitrag zur Petrochemie der sächsischen Tertiärvulkanite Freiberger Forschungsheft FFH-C-333. Leipzig: VEB Deutscher Verlag für Grundstoffindustrie 1978

[2] *M. Saupe, G. Loos*, Beiträge zur Untersuchung geologischer Standardmaterialien 3. Tagung Nukleare Analysenverfahren, Dresden 1983. Proceedings ZfK-524 (1984)

[3] *E. I. Zaicev, J. P. Sotskov, R. S. Resnikov*, Nejtronno-aktivatsionnyj analiz gornych porod na redkie elementy. Moskau: Nedra 1978

[4] *H. Kleeberg, W. Görner*, Ein kompakter 4096-Kanal-Speicher mit mikroprozessorgestützter Spektrenauswertung. 3. Tagung Nukl. Analysenverfahren, Dresden 1983. Proceedings ZfK-524 (1984)

[5] *W. D. Fromm, W. Görner*, Radiometrische Analyse mit dem KRS 4201. 3. Tagung Nukl. Analysenverfahren Dresden 1983. Proceedings ZfK-524 (1984)

[6] *W. Görner, E. Otto, S. Niese*, Isotopenpraxis **13** (1977) 73

[7] *B. Gleisberg, E. Schuraljeva*, Vergleiche zwischen Neutronenaktivierungsanalyse und Röntgenfluoreszenzanalyse. Jahresbericht ZfK-KB 1984, ZfK-Report (1985)

[8] *W. Helbing, S. Niese, D. Birnstein,* Ein Untergrundlabor für Messungen geringer Radioaktivität. 3. Tagung Nukl. Analysenverfahren, Dresden 1983. Proceedings ZfK-524 (1984)

[9] *G. Just, W. Kramer, G. Loos,* Zur Anwendung der NAA bei der Untersuchung basaltischer Gesteine ozeanischer und kontinentaler Herkunft. 3. Tagung Nukl. Analysenverfahren, Dresden 1983, Proceedings ZfK-524 (1984)

[10] *A. J. Irving, R. C. Price,* Geochim. Cosmochim. Acta **45** (1981) 1997

[11] *B. Villemant, H. Jaffrezic, J.-L. Joron, M. Treuil,* Geochim. Cosmochim. Acta **45** (1981) 1997

[12] *E. Schroll,* Analytische Geochemie in zwei Bänden, Grundlagen und Anwendungen Band II. Stuttgart: Ferdinand Enke Verlag 1976, S. 140 ff.

Isotopenpraxis **22** (1986) 5, S. 174 bis 179

„ITRA 084" — ein prozessorgesteuerter Schnellanalysator für das Berg- und Hüttenwesen*)

V. Kliem, M. Kreher, N. Boy

(VEB Mansfeld-Kombinat „Wilhelm Pieck", Forschungsinstitut für NE-Metalle, Freiberg)[1]

Es wird ein modernes nuklidangeregtes RFA-Schnellanalysegerät als Weiterentwicklung der bewährten ITRA-Gerätetechnik des Forschungsinstitutes für NE-Metalle Freiberg vorgestellt. Aufbauend auf bewährten Grundprinzipien der bisherigen Gerätetechnik (Isotopenanregung, Kantenfilterdifferenzverfahren, 4-Kanal-Modifikation) steht mit dem ITRA 084 ein on-line-mikroprozessorgesteuertes Analysegerät zur Elementgehaltsbestimmung in der NE-Metallurgie zur Verfügung. Der Einsatz eines Einplatinen-Mikrorechners auf der Basis U 880 gewährleistet neben der zentralen Gerätesteuerung die Abarbeitung anspruchsvoller Analysenprogramme zur Matrixkorrektur. Weiterhin werden durch den Einsatz einer digitalen Peakstabilisierung eine hohe Stabilität und Reproduzierbarkeit der Meßwerte gewährleistet. Als Detektoren kommen Szintillationssonden und Proportionalzählrohre zum Einsatz.

A new rapid analyzer from the series of approved ITRA devices as developed in the Research Institute of Non-Ferrous Metals Freiberg for single- and multielement analysis in non-ferrous metallurgy is described. ITRA-084 represents an efficient microprocessor-controlled on-line analyzer on the main principles utilized hitherto with success in device engineering (isotope excitation, four-channel modification, balance filter method). A monoboard microcomputer based on U880 provides the central control of the device, allowing extensive analytical programs for matrix correction to be executed. High stability and reproducibility of measured values are achieved by the use of digital peak stabilization. Scintillation probes and proportional counters are used for the detectors. The efficiency of the analyzer is demonstrated and discussed in the light of measured values.

Keywords

computer codes; electronic equipment; fluorescence spectroscopy; line widths; proportional counters; radiation detectors; scintillation counters; stability

1. Einleitung

Aufbauend auf den Erfahrungen, die bei der Erprobung und dem Einsatz einfacher Röntgenfluoreszenzanalysatoren mit Nuklidanregung gesammelt wurden [1—3], entstand im FNE Freiberg ein mikrorechnergesteuertes Gerätesystem zur diskontinuierlichen Elementanalyse für die NE-Metallurgie.

Dabei entsprechen die dem Gerätesystem zugrunde liegenden ökonomischen und technischen Parameter weitgehend den Anwenderforderungen nach einem modernen, transportablen und automatisierten Schnellanalysegerät, das sich durch hohe Meßgenauigkeit und Stabilität bei einem breiten Einsatzbereich auszeichnen soll.

Das Ziel der Geräteentwicklung bestand im wesentlichen darin, auf der Basis von ausschließlich DDR-spezifischen Baugruppen, Modulen und Elektronik ein leistungsfähiges und einheitliches Zentralgerät zu schaffen, an das ein modifizierbarer, der speziellen Meßaufgabe angepaßter Meßkopf mit Szintillationsdetektor bzw. Proportionalzählrohr angekoppelt werden kann.

Der während einer zweijährigen Bauzeit entstandene Analysator ist das Ergebnis einer Gemeinschaftsentwicklung von Verfahrenstechnikern, Elektronikern und Rechentechnikern des FNE.

2. Anforderungen und Kriterien für eine Weiterentwicklung der bewährten ITRA-Gerätetechnik

Im FNE Freiberg werden seit mehr als zehn Jahren einfache ITRA-Analysegeräte entwickelt und aufgebaut. Diese Geräte bewähren sich in den verschiedensten Bereichen der NE-Metallurgie sowohl im In- als auch im Ausland.

In Auswertung eines vorgenommenen Weltstandsvergleiches zu transportablen, energieselektiven RFA-Analysegeräten mit Radionuklidanregung war ein Analysator zu entwickeln, der sich von den bisherigen Gerätevarianten (robuster Geräteaufbau, einfache Bedienung, Vor-Ort-

*) Vortrag, gehalten auf dem 7. Kolloquium „Technische Anwendung radioaktiver Isotope im Berg- und Hüttenwesen", 13. 3.—14. 3. 1985 in Hetzdorf bei Freiberg

[1]) Anschrift: DDR-9200 Freiberg, Lessingstraße 41

Mitteilungen / Information

IAEA: Kernenergie im Jahre 1985

Der Anteil der Kernkraft an der Stromerzeugung belaeuft sich weltweit derzeit auf 15% - und in einigen Laendern schwankt dieser Prozentsatz sogar zwischen 50 und 70%. Endgueltige Zahlen ueber die Stromerzeugung sind im Hauptsitz der IAEA in Wien noch nicht eingelangt, aber einige Statistiken liegen bereits vor. Ende 1985 waren 374 Kernreaktoren an die Stromversorgungsnetze in 26 Laendern angeschlossen, und ihre Gesamtleistung betrug 248 577 MWe. Waehrend des Jahres wurden 31 Reaktoren mit einer Gesamtleistung von 29 152MWe neu an das Stromnetz angeschlossen. An sechs weiteren Reaktoren, mit einer Gesamtleistung von 5 180 MWe, wurde mit dem Bau begonnen. Zwei andere, mit der geringen Gesamtleistung von 250 MWe, wurden stillgelegt. Erwaehnenswert ist, dass 1985 zum erstenmal seit den fruehen Siebzigerjahren kein in Auftrag gegebenes Projekt gekuendigt oder aufgeschoben wurde. Der nachfolgenden Tabelle ist die Anzahl und Leistung der Reaktoren Ende 1985 in den Laendern, von denen Informationen eingelangt ist, zu entnehmen:

Land	A	B
Argentinien	2	935
Belgien	8	5486
Brasilien	1	626
BRD	20	16429
Bulgarien	4	1632
DDR	5	1694
Finnland	4	2310
Frankreich	43	37533
Indien	6	1240
Italien	3	1273
Japan	33	23665
Jugoslawien	1	632
Kanada	16	9521
Korea, Republik	4	2720
Niederlande	2	508
Pakistan	1	125
Schweden	12	9455
Schweiz	5	2882
Spanien	8	5577
Suedafrika	2	1842
Taiwan, China	6	4918
Tschechoslowakei	5	1980
Ungarn	2	820
UdSSR	50	26803
USA	93	77851
UK	38	10120
Gesamt	374	248577

A = Anzahl der Reaktoren
B = Gesamtleistung in MWe
(IAEA-Pressekommunique (1986) 2)

Kurznachrichten / Newlets

Radioecology:

NO EVIDENCE OF INCREASED CANCER AROUND TMI

The Pennsylvania Department of Health reported recently that it has found no evidence of increased cancer among area residents due to the 1979 accident at Three Mile Island (TMI), but that long-range monitoring would be continued. State Health Secretary Dr H. Arnold Muller noted that the latency period for most cancers would have made an earlier effort premature. He noted that the department's study also found no evidence in the area of a significant increase in new cases of leukaemia, which has a shorter latency period, but reiterated that monitoring would continue. The study covered cancer deaths recorded from January 1974 to December 1983 within 20 miles of the plant, as well as new cancer cases found in four areas downwind of the plant from July 1 1982 to June 30 1984. Muller said that the department's study involved a careful review and analysis of epidemiological data and statistical records - including death certificates, cancer registry files, TMI cencus data, TMI registry files, school census data and physician survey returns. It also included, at the request of the TMI Public Health Fund Advisory Board and the Citizens Advisory Panel for the Decontamination of TMI Unit 2, a critique of a survey conducted by a local couple, Norman and Marjorie Aamodt, which claimed to have found a dramatic rise in cancer deaths clearly tied to the TMI-2 accident. Muller said that the Aamodt allegations are contrary to scientific findings. Indeed, the health department team found that cancer deaths which the Aamodts attributed to TMI included people who had been diagnosed as cancer patients prior to the accident, as well as long-term heavy smokers who died of lung cancer, persons who moved into the area after the accident, and others who mistakenly were counted as residents of the Aamodt survey area. In one case, the department reported, a person who had died of causes other than cancer apparently had been confused with a relative who had died of cancer prior to the accident. Muller said the Aamodt survey also was found to have been biased in its selection of survey subjects. The department identified a total of 144 cancer deaths since the accident in the downwind communities of Goldsboro and York Haven boroughs, and Fairview and Newberry townships - an area of nearly 25 000 residents, which includes the neighbourhoods canvassed by the Aamodts. Muller said the figure was almost exactly what professional epidemiologists said should have been expected (142) had the TMI accident never occurred.

For the area within a 10mile radius of TMI, the department found that 2892 deaths by cancer had occurred since 1979, which was slightly less than the 2909 statisticians would have expected.

In a 20 mile radius, 7924 deaths were recorded, where 8177 would have been expected. Muller also said a general increase in cancer would have been anticipated for the metropolitan area with or without TMI because of:

- an increase in the population of many of the areas under study;
- an overal rising trend in cancer cases throughout Pennsylvania and elsewhere in recent years;
- improvements in the cancer reporting system;
- improved diagnostic opportunities and techniques, and
- increased longevity, since older persons are more susceptible to cancer. (Atom 349 (1985) Nov., p. 18)

Schneller Brueter:

BETRIEBSAUFNAHME BEIM INDISCHEN BRUETER KALPAKKAM

Der schnelle Brutreaktor des Versuchskraftwerks Kalpakkam bei Madras im indischen Gliedstaat Tamil Nadu wurde am 18. Oktober 1985 erstmals kritisch. Die Anlage hat eine elektrische Leistung von 13 MW. Sie arbeitet mitmeinem in Indien entwickelten Pu/U-carbid-Brennstoff. Der erste Schnellbrueter-Reaktor Indiens weist eine gewisse Aehnlichkeit mit dem 1967 in Betrieb genommenen franzoesischen Versuchsbrueter Rapsodie in Cadarache aus. Die Vorstudien zur Auslegung der Anlage Kalpakkam wurden von einem indisch-franzoesischen Team am Centre d'etudes nucleaires des Commissariat a l'energie atomique (CEA) in Cadarache ausgearbeitet. Franzoesische Ingenieure von Novatome und CEA waren am Bau der Anlage beteiligt, und franzoesische Unternehmen lieferten eine Reihe von Komponenten wie Steuerstabantriebe und elektromagnetische Pumpen (Novatome) sowie gewisse Reaktorstrukturen (Creusot) und mechanische Pumpen (Jeumont-Schneider). (SVA-Bulletin (1985) 19, S. 9)

Radioagronomie:

NEUES RADIOAGRONOMIE-LABOR AN DER KFA JUELICH

Auf dem Gelaende der Kernforschungsanlage (KFA) Juelich ist kuerzlich ein neues Laborgebaeude des Instituts fuer Radioagronomie in Betrieb genommen worden. Dieses Institut befasst sich seit 23 Jahren mit landwirtschaftlicher Forschung. Bei den Untersuchungen werden, aehnlich wie in der Medizin, Radionuklide und stabile Isotope zur Diagnose bestimmter Detailprozesse eingesetzt. Dazu gehoeren beispielsweise die Aufnahme von Naehrstoffen oder Pflanzenschutzmittel ueber Wurzel und Blatt, die Verfolgung des Transports innerhalb der Pflanze sowie die Bestimmung der Nutzung bzw. Anreicherung in der Pflanze. Der Einsatz der Radionuklide im Oekosystem des Bodens setzt spezielle Einrichtungen und interdisziplinaere Arbeitsmoeglichkeiten voraus, wie sie in der KFA Juelich gegeben sind. Auf einer Freilandflaeche von ca. 1000 m^2 werden hier u.a. in Zusammenarbeit mit der Universitaet Bonn sowie mit Forschungslaboratorien der Privatindustrie repraesentative Versuche in landwirtschaftlich genutzten Boeden durchgefuehrt. (SVA-Bulletin (1985) 19)

Strahlentechnik:

INSEKTENBEKAEMPFUNG DURCH STRAHLENSTERILISIERUNG IN JAPAN

Im Rahmen eines Dreijahresprogramms zur Ausrottung einer bestimmten Fruchtfliegenart (Dacus cucurbitae couquillett, englisch: Melon Fly) werden derzeit auf der zur japanischen Okinawa-Gruppe gehoerenden Insel Miyako mit Gammastrahlen sterilisierte Fliegenmaennchen in grosser Zahl ausgesetzt. Zur Sterilisierung wurden sie mit einer Dosis von 6-7 kilorad aus einer Co-60-Strahlenquelle behandelt. Durch wiederholte Aussetzung von Millionen von sterilen Maennchen ueber mehrere aufeinanderfolgende Generationen kann die Zahl der Fliegen schrittweise reduziert und schliesslich ihr Aussterben herbeigefuehrt werden. Die Anfang der achtziger Jahre von der Praefektur Okinawa errichtete Anlage zur Strahlensterilisierung der erwaehnten Fruchtfliegenart weist eine Behandlungskapazitaet von 30 Mio Fliegen pro Woche auf. Es ist geplant, die Kapazitaet der Anlage bis zum kommenden Jahr auf 100 Mio Tiere pro Woche zu steigern. Bis 1991 soll dank diesem Vorgehen die Dacus cucurbitae auf dem Miyako-, Okinawa- und Yaeyama-Inseln ausgerottet sein. Dies wuerde die Aufhebung des heute bestehenden Exportverbots fuer Gurken, Kuerbisse, Tomaten, Peperoni, Bohnen, Papayas, Mangos etc. aus den von den Fruchtfliegen befallenen Kulturen erlauben. (SVA-Bulletin (1985) 19, S. 14)

BESTRAHLUNG VON ENZYM-PRAEPARATEN IN DEN USA BEWILLIGT

Die amerikanische Lebensmittelbehoerde, die Food and Drug Administration (FDA), hat auf Antrag der Radiation Technology Inv. die Bestrahlung von trockenen oder dehydrierten Enzym-Praeparaten mit Lebensmittelqualitaet bewilligt. Die am 10. Juni 1985 publizierte Genehmigung bezieht sich auf die Anwendung von Gammastrahlen bis zu einer Dosis von hoechstens 5 Mrad. Die genannten Enzym- oder Eiweiss-Stoffpraeparate werden bei der Herstellung von Nahrungsmitteln wie Kaese, Baeckereiprodukte, Fleisch- und Wurstwaren verwendet und finden auch in der Bierproduktion Anwendung. (SVA-Bulletin (1985) 19, S. 13)

CO-60-PRODUKTION JETZT AUCH IN BRUCE

Im letzten Sommer wurde das erste im kanadischen Kernkraftwerk Bruce produzierte Co-60 der AECL Radiochemical Co. ausgeliefert. Bis vor kurzem war die kanadische Co-60-Produktion auf das Kernkraftwerk Pickerling beschraenkt. Co-60 spielt als Gammastrahlenquelle eine grosse Rolle in der Medizin sowie bei industriellen Anwendungen. Beispielsweise verkaufte Kanada als auf diesem Gebiet fuehrende Exportnation bisher rund 1500 Co-60-Bestrahlungsanlagen fuer die Krebstherapie in 80 Laender. Es wird geschaetzt, dass mit diesem Nebenprodukt des kanadischen Kernenergieprogramms 13 Millionen Lebensjahre von an Krebs erkrankten Menschen erhalten werden konnten. Als Folge der in verschiedenen Laendern verzeichneten Zunahme der Anwendung kommerzieller Bestrahlungsmethoden, namentlich fuer die Lebensmittelkonservierung, ist der Bedarf fuer Co-60 im Steigen begriffen. Aus der Bestrahlung von nicht radioaktivem Co-59 in den Candu-Schwerwasserreaktoren der kanadischen Kernkraftwerke stammen rund 80% der Co-60-Lieferungen auf dem Weltmarkt. Das Kernkraftwerk Pickering A erzeugte von allem Anfang an Co-60, kann aber den steigenden Bedarf der Abnehmer Kanadas nicht mehr decken. Neben Pickering und Bruce haben jetzt auch die Kernkraftwerke Gentilly in der kanadischen Provinz Quebec und Embalsa (Argentinien), die beide mit Candu-Reaktoren arbeiten, die Co-60-Produktion aufgenommen. (SVA-Bulletin (1985) 19, S. 13)

DIE USA PLANEN AUSWEITUNG DER CO-60-PRODUKTION

Das amerikanische Department of Energy (DOE) hat Plaene entwickelt, die die USA wieder zu einem bedeutenden Hersteller von Co-60 werden lassen sollen. Begruendet wird dieser Schritt mit der steigenden Nachfrage der Industrie nach dem radioaktiven Isotop. Co-60 findet in einer ganzen Reihe industrieller Prozesse Verwendung, so bei der Sterilisation von medizinischen Ausruestungen, bei der Abfall- und Klaerschlammbehandlung, bei der Bestrahlung von Nahrungsmitteln und Kosmetika sowie bei der Behandlung von Holz, Gummireifen, Polymeren, Stoffen (Coatings) und Filmen. Nach den Vorschlaegen des DOE koennten im Jahre 1991 drei MCi Co-60 hergestellt werden, und zwar in der Fast Flux Test Facility (FFTF), einem experimentellen Schnellbrueter-Reaktor in der Hanford Reservation im Staate Washington. Die amerikanische Co-60-Produktion ging praktisch auf Null zurueck, als der von General Electric Co. betriebene Reaktor Vallecitos in Kalifornien im Jahre 1977 stillgelegt wurde. Der mit Abstand groesste Co-60- Lieferant auf dem Weltmarkt ist Kanada. (SVA-Bulletin (1986) 2, S. 15)

Strahlenschutz:

NUKLEARANLAGEN - KEIN ERHOEHTES KREBSRISIKO

Das amerikanische Energieministerium DOE hat zu einem Artikel in der Zeitschrift "New Scientist" vom Oktober 1984 Stellung genommen, demzufolge es bei Arbeitern in Atomanlagen eine ueberhoehte Zahl an Todesfaellen durch Krebs gegeben habe. Die Autorin behauptet ferner, dass Arbeiter im Oak Ridge National Laboratory (ORNL) eine um 49% erhoehte Leukaemie-Sterblichkeit, verglichen mit der allgemeinen Bevoelkerung, aufweisen wuerde. Dazu erklaert das DOE: Unter 8375 Maennern, die zwischen 1943 und 1972 am ORNL gearbeitet hatten, wurden 16 Faelle von Leukaemie gefunden, waehrend 9 (basierend auf US-Sterblichkeitsziffern) zu erwarten waren. Von den 16 waren 4 Faelle chronischer lymphozytischer Leukaemie, die nicht durch Strahlung ausgeloest werden kann. Die uebrigbleibenden 12 Faelle sind gegenueber den zu erwartenden 9 (genau 8,62) statistisch nicht signifikant, denn kleine Unterschiede zwischen beobachteten und erwarteten Faellen treten mehr durch Zufall auf - anders als bei grossen Zahlen von beobachteten Faellen. So wuerden z. B. 3 Todesfaelle gegenueber 2 erwarteten statistisch nicht signifikant sein, wohl aber 3000 gegenueber 2000, obwohl in beiden Faellen der Ueberschuss 50% betraegt. (Atomwirtschaft/Atomtechnik 30 (1985) 11, S. K+U IV)

Kernenergetik:

ANFALL VERBRAUCHTER BRENNELEMENTE

Es wird damit gerechnet, dass in der BRD im Jahre 2000 Kernkraftwerke mit einer Gesamtaktivitaet von ca. 30 000 MWe (gegenwaertig ca. 14800 MWe) in Betrieb sein werden. Die bis zum Jahre 2000 aus allen Kernkraftwerken anfallenden verbrauchten Brennelemente werden auf eine Gesamtmenge von 10900 t veranschlagt. Ab dem Jahre 2000 werden jaehrlich 600 t verbrauchter Brennelemente anfallen. Um die Kernkraftwerke in der BRD zu entsorgen, wurden mit franzoesischen und britischen Betreibern von Wiederaufarbeitungsanlagen Vertraege ueber die Wiederaufarbeitung von zusammen 3800 t Uran abgeschlossen. In Kernkraftwerken besteht oder wird eingerichtet eine Zwischenlagerkapazitaet fuer ca. 5000 t verbrauchter Brennelemente. In sogenannten externen Zwischenlagern (Gorleben, Ahaus) besteht bzw. wird errichtet eine Zwischenlagerkapazitaet von 3000 t. Im Eingangslager der beschlossenen Wiederaufbereitungsanlage in Wackersdorf betraegt die Zwischenlagerkapazitaet 1500 t. Schliesslich wird die Wiederaufarbeitungsanlage einschliesslich der Versuchsanlage WAK bei planmaessiger Errichtung der WA-350 bis zum Jahre 2000 ca. 2700 t verbrauchter Brennelemente aufarbeiten koennen. Aus diesen Entsorgungsmassnahmen ergibt sich eine Gesamtkapazitaet fuer die Wiederaufarbeitung bzw. Zwischenlagerung von verbrauchten Brennelementen, die erheblich ueber dem heute bereits gut abschaetzbaren Anfall liegt. (Atomwirtschaft/Atomtechnik 30 (1985) 11)

FUENFTES KERNKRAFTWERK BEFUERWORTET

In Finnland befinden sich vier Kernkraftwerke mittlerer Leistung in Betrieb, deren Anteil an der Stromerzeugung des Landes fast 40% betraegt. Spaetestens Anfang der 90er Jahre wird ein fuenftes Kernkraftwerk in Finnland benoetigt. Im Gegensatz zur BRD haben sich in Finnland auch die Gruenen eher fuer als gegen die Kernenergie ausgesprochen. (Atomwirtschaft/Atomtechnik 31 (1986) 1, S. K+U I)

Kernkraftwerke:
GRUENDUNG DES "ADVANCED NUCLEAR EQUIPMENT RESEARCH INSTITUTE" IN JAPAN

Dreissig japanische Industrieunternehmen, Forschungsbetriebe und Verbaende haben sich Mitte September 1985 auf die Gruendung einer privaten Forschungsinstitution unter dem Namen "Advanced Nuclear Equipment Research Institute" geeinigt. Sie soll der Entwicklung und Erprobung von Bestandteilen und Ausruestungen fuer Kernkraftwerke auf der Basis neuer Werkstoffe wie Keramik und hochpolymerisierte Kunststoffe dienen. Als wichtigste Aufgaben des Instituts werden die Erforschung von Einsatzmoeglichkeiten fuer neue Werkstoffe, die Entwicklung oder Verbesserung neuer Werkstoffe fuer die Nuklearindustrie sowie die Erprobung solcher Werkstoffe genannt. Vom Ministerium fuer Aussenhandel und Industrie (Miti) soll das Institut einen Auftrag zur Entwicklung und Erprobung neuartiger Leichtwasserreaktor-Ausruestungen aus Werkstoffen wie neue Metalle, Feinkeramik und Polymere erhalten. (SVA-Bulletin (1985) 19, S. 6)

Veröffentlichungen / Publications

UNITED KINGDOM ATOMIC ENERGY AUTHORITY

AERE-M 3477
Determination of 99 technetium in aqueous samples by inductively coupled plasma-optical emission spectrometry - 1985, 13 pp. R.M. Brown, C.J. Pickford, N.J. Portsmouth

AERE-PR/TP 41
Theoretical Physics Division progress report October 1983-December 1984 - 1985, 164 pp., J. Rae

AERE-R 11480
Biasing corrections for measurement volume variation in droplet and particle sizing - 1985, 22 pp., W. Dalzell

AERE-R 11665
An overview of the computer aided design and manufacture of advanced composites - 1985, 24pp., J.-C. Leon, G.M. Wells

AERE-R 11743
Studies of environmental radioactivity in Cumbria part 7 : a summary of progress to December 1984 - 1985, 24 pp., A.E.J. Eggleton, D.H. Peirson

AERE-R 11764
Dynamic SIMS of lithium niobate - 1985, 17 pp., H.E. Bishop, D.M. Poole

AERE-R 11793
The nuclear microprobe examination of radioactive materials - 1985, 16 pp., J.W. Mc Millan, P.M. Pollard, F.C.W. Pummery

AERE-R 11800
Calibration of a chemiluminescent analyser for measuring ambient concentrations of NO and NO_2 - 1985, 16 pp., F.J. Sandalls, M. Chadwick, A.M. Hough

AERE-R 11807
A numerical study of the drag on an evaporating droplet - 1985, 19 pp., K.A. Cliffe, D.A. Lever

KERNFORSCHUNGSANLAGE, KARLSRUHE

KfK-3953
Korrosionsuntersuchungen an ausgewaehlten metallischen Werkstoffen als Behaeltermaterialien fuer die Endlagerung von hochradioaktiven Abfallprodukten in Steinsalzformationen - 1985, 30 S., E. Smailos

KfK- 3968
Untersuchungen zum chemischen Verhalten des CH_3J bei schweren Stoerfaellen in Druckwasserreaktoren - 1985, 103 S., R. Borkowski

KfK- 3945
Die chemische Denitrierung von salpetersaurem schwach- und mittelaktiven Abfalloesungen mit Ameisensaeure - 1985, 174 S., M. Kehn u.a.

KfK- 3943
Eigenstabilitaet technischer Supraleiter - 1985, 130 S., K. Kaestner

KfK-3963
KADABRA - Waste Treatment, 1985, 41 pp, F.J. Polster et al.

KfK-3946
Preliminary investigation of the significance of the ingestion pathway following accidental releases with actinides - 1985, 67 pp., C. Steinhauer

KfK-3982
A theory of partial systems - 1985, 109 pp., F.J. Polster

KfK-3906
Uncertainty analysis with a view towards applications in accident consequence assessments - 1985, 131 pp-. F. Fischer, J. Erhardt

KfK-3996
Der Einfluss von Cobalt, Chrom und Blei auf Pflanzen am Seispiel des Grases Lolium multiflorum - 1986, Th. Liese, W. Schmidt

KfK-4002
Die Cosima-Experimente und ihre Nachrechnung, eine Datenbasis zur Ueberpruefung von Rechenprogrammen fuer Zweiphasenstroemungen - 1986, G. Class, R. Meyder, E. Stratmanns

KfK-4007
Break Up of Light Ions in the Nuclear and Coulomb Field of Nuclei - 1986, D.K.Srivastava

KfK-4014
Bruchmechanische Kriterien fuer die instabile Rissausbreitung bei Wegregelung - 1986, D. Munz, A. Brueckner

RISØ NATIONAL LABORATORY - ROSKILDE

RISØ-M-2426
Resolution in diffraction - an outline of the method of conjugate diameters - J. Als-Nielsen

RISØ-M-2473
Weathering and decontamination of radioactive deposited on concrete surfaces - L. Warming

RISØ-R-516

One-electron theory of metals, Cohesive and structural properties - H.L. Skriver

Report/Preprints
FROM THE INSTITUTE OF NUCLEAR RESEARCH, HUNG. ACADEMY SCI., DEBRECEN, HUNGARY
Contributions to the 13th Internat. Conf. on Solid State Nuclear Track Detectors, Sept. 23-27, 1985, Roma

Preprint
E/17
Effect of certain production parameters and post-production treatments on the etching characteristic of Cr-39 sheets - G. Somogyi et al

E/18
Fast neutron spectrometry based on proton detection in Cr-39 detector - G. Dajko; G. Somogyi

E/19
Time-Integrated radon measurements in spring and well waters by track technique - G. Somogyi; L. Lenart

E/20
Measurement of exhalation and diffusion parameters of radon in solids by plastic track detectors - G. Somogyi et al

E/21
Determination of radon and thoron permeability through some plastics by track technique - A.F. Hafez and G. Somogyi

E/22
Neutron radiographic characteristics of MA-ND type (Allyldiglycol-carbonate) Nuclear track detectors - R. Ilic et al

E/23
Studies on nitrogen mapping by various Cr-39 track detectors - G. Somogyi et al

E/24
Nuclear track detector kit for use in teaching - L. Medveczky et al

Atomki Report C/3
Radioactivation and radioactive tracer methods for research related to the protection of the environment and human health at the Joint Research Centre - ISPRA - E. Sabbiono

Atomki ReportE/7
Workshop on low temperature physics - S. Mészáros; D. Novák

N e u e Z e i t s c h r i f t e n

Strahlenschutz aktuell; Nr. 1, September 1985. Informationsblatt des Fachverbandes fuer Strahlenschutz mit folgender Aufgliederung: Im "Standpunkt" jeweils ein persoenlicher Kommentar eines Fachmanns zu einem aktuellen Thema, im "Kurzportrait" werden Fachgremien, Organisationen, Institute usw. vorgestellt. "In eigener Sache" wird ueber den Fachverband Strahlenschutz berichtet, in "Was ist ...?" sollen aktuelle Fachausdruecke oder Zusammenhaenge kurz erklaert werden, "Aktuelles" vermittelt Kurznachrichten, Hinweise auf Veranstaltungen, Publikationen u.a. Das Informationsblatt soll dem vierteljaehrlichen Rundschreiben an die FS-Mitglieder beigelegt und darueber hinaus an einen weiteren Kreis von Interessenten verteilt werden.
Redaktion und erhaeltlich durch: Fachverband fuer Strahlenschutz, c/oH. Brunner, Abt. SU/81, EIR, CH-5303 Wuerenlingen (Schweiz)

French Nuclear Newsletter.
Vierteljaehrlich erscheinender Informationsdienst. Hrsg. von Alsthom, CEA, Cogéma, EdF und Framatome. Redakteur P. Antoni, Redaktion 33, rue de la Fédération, F-75752 Paris (Frankreich)

Ausgewählte Beiträge / Recently published papers

ATOMNAJA ENERGIJA 60(1986)3 (all in Russian)
Spectral investigation of the neutron field from Cf-252 in a three-sectional labyrinth - E.A. Belogorlov et al

Neutron instrumental analysis facility - G.I. Borisov et al

Radiation damage in neutron irradiated boron carbide - W.I. Tscherbak

Radiation kinetics of tributyl phosphate decomposition - M.V. Vladimirova; I.A. Kulikov

A self-powered hydrogenous neutron threshold detector - M.P. Ivashkina; S.V. Chulyayev

Investigation of the density measurement error of a reactor core neutron beam by the gold-foil activation method - Yu.A. Prokofyev

The influence of track effects on chemical etching of polyacrylate - V.V. Zagursky et al

Features of the γ-radiation field from a γ-ray source located near the boundary between two media of greatly differing densities - A.V. Zhemere
A spectral method for measuring flow velocity - S.N. Kovtun

On the application of spherical geometry measurements for improved metrological characteristics in energy dispersive X-ray analysis - Yu. N. Burmistenko

Investigation of the absorbed dose in two-layer flat objects irradiated by fast neutrons - V.A. Bakayev et al

A simple technique for determining the energy of accelerated electrons - E.I. Knizhnik

ATOMNAJA ENERGIJA 60(1986)4 (all in Russian)
On the calculation of heat mass transport for boiling liquid - I.P. Smogalev

One-group perturbation theory - A.D. Galanin

The measurement of average absorption cross-section in Li-6 relative to U-235 fission - A.L. Kochetkov; E.A. Seryogina

On the distribution of electric space charge in the near-surface layer of beta-radioactive dielectrics - A.G. Sakharov; V.V. Gromov

Half-life determination of Cm-243 - G.A.Timofeyev

Half-life determination of Pu-241 - G.A.Timofeyev et al

Po-218 Half-life period - V.G. Potapov; P.S. Soloshenkov

Using symmetry properties for modification of estimates in Monte Carlo Calculations of radiation fields - A.M. Kolchuzhkin; O.N. Vasilyev

Investigation of the energy dependence of dosimeters - V.I. Fominykh et al

WISSENSCHAFT IN DER UDSSR (1985) 5
Auf dem Wege zur Laserkernfusion - N.Bassow et al

Modell der Erde: von Hypothesen zur Theorie - I. Iwanow

War die Explosion der Tungusker Meteoriten kein Einzelfall? - B. Lewin; W. Bronschten

Die Raetsel des Sonnensystems - A. Gurstein

SPECTRUM 16(1985)9
Niels Bohr und die Experimentalphysik - R. Rompe; H.-J. Treder

Einsetzbarkeit) insbesondere durch folgende Parameter auszeichnen sollte:

1. Einsatz einer Mikrorechnersteuerung für die Automatisierung des Meßablaufes, die Rationalisierung des Bedienungsaufwandes und die Erweiterung des Einsatzbereiches für die Einzelelementbestimmung bei verbesserter rechnerischer Auswertung (Matrixkorrektur);
2. Erhöhung von Analysegenauigkeit und Zuverlässigkeit durch Verbesserung der Detektorstabilität mittels geeigneter Peak-Stabilisierungsverfahren;
3. Ankopplungsmöglichkeit von Proportionalzählrohrdetektoren zur Bestimmung von Elementen kleiner Ordnungszahlen (z. B. Si-Schnellbestimmung);
4. Anwendung des Analysators auch als kernphysikalisches Spektrometer für die Verfahrensentwicklung durch ‚Abkopplung' des Steuerrechners, damit entsteht ein peakstabilisierter Einkanalanalysator;
5. Anschlußmöglichkeit einer leistungsfähigen Peripherie für Service, Prozeßkontrolle und die Protokollierung Spektrometerautomatik, x-y-Schreiber, VKA, externe Zähler, Thermodrucker u. a.);
6. Erhöhter Bedienungskomfort.

Nach der Auswahl geeigneter kernphysikalischer Baugruppen aus der DDR-Produktion konnte die Konzeption des Gesamtgerätes (Konstruktion, Gerätesteuerung, Interfaces, Meßwertaufnahme- und -verarbeitung usw.) erstellt werden.

3. Gerätekonzeption des Analysators ITRA 084

Der Prototyp des entwickelten RF-Analysators steht z. Z. für spezielle Verfahrensentwicklungen im FNE zur Verfügung. Im folgenden soll neben dem grundsätzlichen Aufbau der zugehörigen Gerätekomplexe (Zentralgerät, Meßkopf) und deren Zusammenspiel ein Überblick über die prinzipielle Wirkungsweise einzelner Gerätekomponenten gegeben werden.

3.1. Grundsätzliche Funktionen

Das vorgestellte Schnellanalysegerät ist ein mikrorechnergesteuerter, peakstabilisierter 1-Kanal-Analysator zur diskontinuierlichen Elementanalyse von festen und pulverförmigen Proben. Abb. 1 zeigt den prinzipiellen Aufbau des Analysators.

Die vom Meßkopf gelieferten Impulse werden nach ihrer Verstärkung dem Hauptanalysator (HA) sowie zwei weiteren Einkanalanalysatoren E 1 und E 2 zugeführt Dabei lassen sich in Abhängigkeit von der Kompliziertheit des Analyseproblems dem HA seriell bis zu 4 Meßkanäle (Energiebereiche) elektronisch zuordnen. Diese können im Zusammenspiel mit der Filterwechseleinheit des Meßkopfes (Anwendung des Kantenfilter-Differenzverfahrens) sowohl auf die K_α-Strahlung des zu analysierenden Elementes oder einzubeziehender Begleitelemente als auch auf die Streustrahlung eingestellt werden. E 1 und E 2 sind auf die Flanken einer ^{241}Am-Referenzlinie gelegt, die von einem Stabilisierungspräparat LF (AdW Berlin-Buch) erzeugt wird. Sie bilden mit dem Regelblock eine digital arbeitende Peakstabilisierung, deren erzeugte Regelgröße auf die Sondenhochspannung so wirkt, daß sie auftretende Änderungen der SEV-Verstärkung kompensiert. Über den externen Eingabekanal des 20046 lassen sich über eine Analysatorvorwahl $n = 4$ Energiebereiche einstellen und gemäß Steuerprogramm seriell abrufen und kontrollieren. Über eine Interface-Karte ist eine Spektrometerautomatik zur Peak-Suche und für spektrometrische Aufgaben anschließbar.

Der geräteinterne Rechner (Mikrorechnersystem MPS 4944 — ZfK Rossendorf) koordiniert die Gerätesteuerung mit dem Ablauf der auf EPROM abgelegten Meß- und Rechenprogramme sowie den gesamten Datenfluß. Über eine 17stellige Tastatur sind Programmanwahl, Dateneinund -ausgabe sowie weitere Interruptanweisungen möglich. Die Hardware der Gerätesteuerung (Leiterplattenformate 215 mm × 170 mm) wird meßkopfseitig ergänzt durch die schrittmotorgesteuerte Filterwechseleinrichtung (zum Einsatz kamen u. a. Schrittantriebe (NSA-GV 44 mit Schrittmotor SPG 10/16 vom Kombinat Elektromaschinenbau Dresden) und die Filterpositionierelektronik. Insgesamt wurden 15 Leiterkarten bzw. Einschübe (ein- und zweilagig) für das Gesamtgerät entwickelt.

Prinzipiell wird das in Abb. 2 gezeigte Zeitregime wirksam:

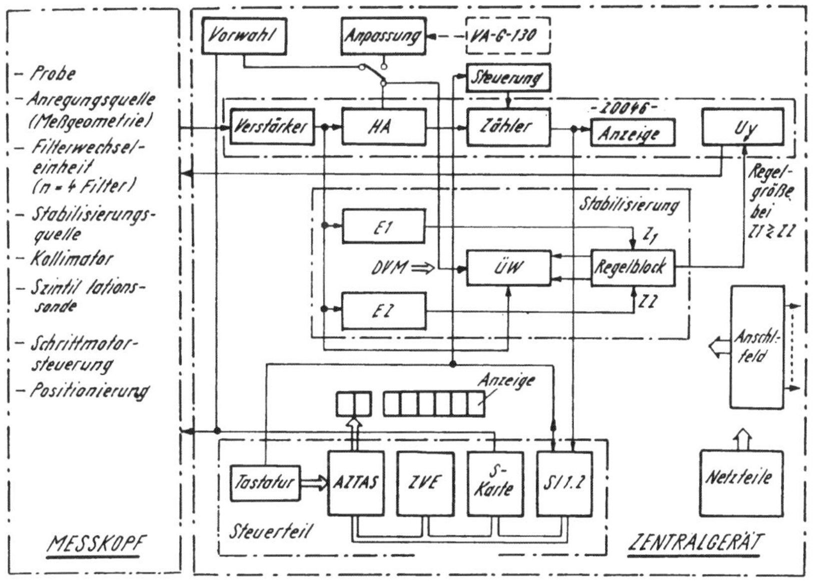

Abb. 1. Prinzipieller Aufbau des Analysators

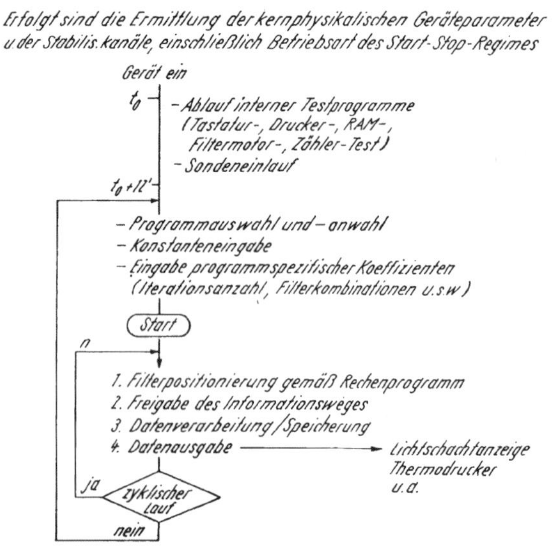

Abb. 2. Ablauf der Gerätesteuerung

3.2. *Geräteaufbau*

Abb. 3 zeigt den Aufbau des gesamten Meßplatzes mit Thermodrucker G 3287.500 (Interface SI 1.2), wobei der Schnellanalysator aus dem Zentralgerät und dem speziell angepaßten Meßkopf besteht.

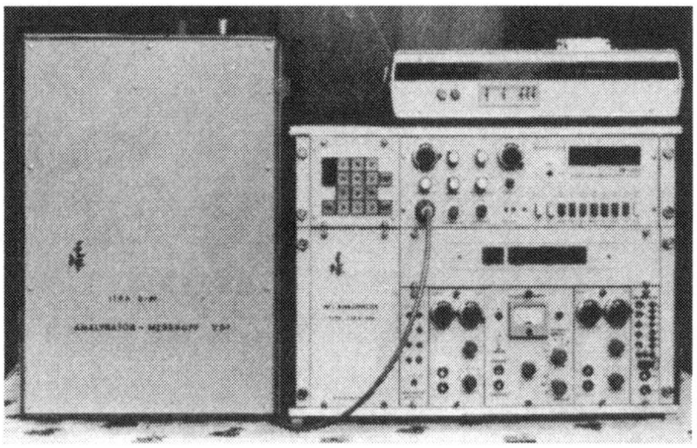

Abb. 3. Gesamtansicht: Meßplatz Schnellanalysator ITRA-084 mit Thermodrucker

3.2.1. Zentralgerät. Das Zentralgerät ist ein modifiziertes EGS-Gefäßsystem im Kastengehäuse A mit den Abmessungen 480 mm × 360 mm × 420 mm. Es besteht aus einem Baugruppenträger A und nimmt den Steuerrechner mit Steuerteil (5 LP) sowie die Baugruppen zur Peakstabilisierung (3 BG-Einschübe), die Analysatorvorwahl und den Überwachungsblock auf, die über Verdrahtungsrahmen und entsprechende Steckverbinder fest verdrahtet sind. Ein Baugruppeneinsatz C 5 beinhaltet die Eingabetastatur, bestehend aus Tastenplatte und Tastendecoder. Der kernphysikalische Analysator 20046 (VEB Meßelektronik „Otto Schön“, Dresden) ist ohne sein Plattengehäuse fest auf dem Baugruppenträger A montiert. Eine EGS-Aufnahme 1.1 wurde schwenkbar am Baugruppenträger A angeordnet und nimmt im wesentlichen die Stromversorgungsmodule auf.

Auf Funktion und Besonderheiten des Hauptanalysators sei hier nicht näher eingegangen, es wird auf [4] verwiesen.

Konstruktiv in das Zentralgerät eingepaßt wurden — wie aus Abb. 3 ersichtlich — 5 EGS-BG-Einschübe, von denen die mittleren 3 funktionell eine digitale Peakstabilisierung realisieren. Zum Einsatz kamen die kommerziellen Einkanalanalysatoren B 20 120 (VEB Meßelektronik „Otto Schön“, Dresden [5]) sowie die Hardwarelösung eines vom Zentralinstitut für Isotopen- und Strahlenforschung der AdW der DDR entwickelten und patentierten Verfahrens zur digitalen Impulshöhenstabilisierung [6]. Auf diese Problematik im Zusammenhang mit Fragen der Stabilität kommerzieller Strahlungsdetektoren soll nachfolgend eingegangen werden.

3.2.2. Übertragungsverhalten von Meßkopfdetektoren. Voraussetzung für eine hohe Analysengenauigkeit und die Erfassung reproduzierbarer Meßergebnisse bei Szintillations- bzw. Proportionalzählrohrdetektoren ist die Konstanz ihrer Systemparameter. Sie werden bei Durchfluß-Proportionalzählrohren in erster Linie durch das Verhalten der Gasverstärkung bei sich ändernden Umgebungsbedingungen und Dichteschwankungen beschrieben, bei Szintillationsdetektoren durch elektrische und Emissionsparameter (Verstärkung, Photoemission, Dunkelstromverhalten, Belastungsabhängigkeit usw.). Meßergebnisse, die im FNE Freiberg zum Stabilitäts- und Langzeitverhalten insbesondere von kommerziellen Szintillationsmeßsonden VA-S-968.1 (27001) des VEB Meßelektronik „Otto Schön“, Dresden gewonnen wurden, lassen den Einsatz dieser Sonden für energieselektive Messungen im nichtstabilisierten Betrieb als wenig sinnvoll erscheinen. Es wurden zwangsläufig Berechnungen angestellt, die statischen Arbeitspunkte der Sonden-SEV durch Neudimensionierung zu stabilisieren (Vergrößerung der Querströme im Dynodennetzwerk, Optimierung der Speicherkondensatoren für Wechsellichtbetrieb, Berechnung des Dynodenspannungsteilers für optimalen Signal-Dunkelstromabstand usw.). Die ermittelten Meßergebnisse brachten unwesentliche Verbesserungen bezüglich Verstärkungsdriften und Impulsdichteabhängigkeit der mit $V_{SEV} \approx 0{,}5 \cdot 10^6$ bis $5 \cdot 10^6$ extrem hochverstärkenden, physikalisch nicht gegengekoppelten Photoverstärker [3].

3.2.2.1. Untersuchungsergebnisse von SEV mit Box- und Jalousiedynodensystemen. Neben experimentellen Untersuchungen zum Gesamtverhalten der SEV o. g. Sonden S 12 FS 52 A (WF Berlin) wurden weiterführend zu dieser Problematik die charakteristischen Eigenschaften weiterer für Kernspektrometrie geeigneter Fotovervielfacher meßtechnisch untersucht. Es wurden insbesondere

a) das spektrometrische Auflösungsvermögen
b) das irreversible Verhalten
c) die Impulsdichteabhängigkeit und
d) das Temperaturverhalten

der Typen 6097 (E. M. I./Boxdynodensystem); M 11 FVC 520 (WF Berlin/Jalousiedynodensystem) und M 11 FVC 521 (WF Berlin/Jalousiedynodensystem) analysiert, wobei insbesondere das Verhalten der neuen DDR-Jalousiedynodensysteme mit angekündigten wesentlich verbesserten Stabilitätsparametern von Interesse war.

Für Einzelergebnisse wird auf [3] verwiesen. Zusammenfassend muß gesagt werden, daß sich neben einem günstigeren Einlaufverhalten und geringerer Impulsdichteabhängigkeit das Langzeit- und Temperaturverhalten dieser neuen SEV nicht signifikant besser als das ihrer Vorgängertypen darstellt. Nachteilig ist das verschlechterte kernspektrometrische Auflösungsvermögen der M 11 FVC 520/521 (ca. 12—13%, bezogen auf die 661-keV-Linie einer ^{137}Cs-Strahlung) bei einem erheblichen Mehrpreis.

Eine prinzipielle Verbesserung des Stabilitätsverhaltens und damit der Qualität der Kernspektrometrie wird nur durch eine dynamische Verstärkungsstabilisierung erreicht, wobei z. B. die SEV-Verstärkung als Regelgröße wirksam wird.

3.2.2.2. Auswahl geeigneter Stabilisierungsvarianten. Peakstabilisierte Analysegeräte sind Stand der Technik. Für den Einsatz im Schnellanalysator ITRA-084 bieten sich analoge und digitale Stabilisierungsvarianten an, wobei für den konkreten Einsatz auf vorhandene Entwicklungsergebnisse zurückgegriffen werden sollte. Der Nachteil der bekannten analogen Verfahren besteht im wesentlichen darin, daß bei exakter Sollage des Referenzpeaks und fehlender Störgröße durch die statistikbehafteten Zählraten der Stabilisierungskanäle eine Steuerspannung $U_{St} = \text{Imp}(t)_{OL} - \text{Imp}(t)_{UL} \mp 0(1)$ gebildet wird, die den Eichpeak verschiebt. Es kommt zu einer statistikabhängigen Schwankung der Referenzlinie um die Sollage und somit zu einer ungewollten Linienverbreiterung als verfahrensabhängige Störgröße. Durch Vergrößerung der Regelzeitkonstanten in Richtung größerer Stabilität des Regelkreises besteht die Möglichkeit, o. g. Regelstatistik in bestimmtem Maße auszublenden, damit sinkt natürlich auch die Regelgeschwindigkeit des Gesamtsystems [7].

Eine elegante digitale Stabilisierungsvariante mit weitgehender Reduzierung der verfahrensbedingten Linienverbreiterung ist in [6] vorgestellt und hinreichend beschrieben. Sie eignet sich insbesondere für niedrige Intensitäten der Referenzlinie, also z. B. für deren Einsatz bei Proportionalzählrohrdetektoren.

3.2.2.3. Peakstabilisiertes ITRA-084 und Meßergebnisse. Auf spezielle elektronische Probleme und Lösungen soll im Rahmen dieses Aufsatzes nicht näher eingegangen werden.

Neben Untersuchungen zur optimalen Schrittweite und Schrittgrößenvorwahl wurden insbesondere Messungen zum Langzeit-, Temperatur- und Fangverhalten des Stabilisators durchgeführt [8].

Abb. 4 zeigt das Gesamtspektrum mit einem charakteristischen Arsen-Röntgenfluoreszenzpeak, auf den der HA breitbandig eingestellt wurde, sowie die Lage des Referenzpeaks mit den Kanalgrenzen für die Einkanalanalysatoren.

Abb. 5 verdeutlicht die Langzeitkonstanz der peakstabilisierten Sonde über eine Meßzeit von $t = 26$ h und Abb. 6 das Temperatur-, Fang- und Speicherverhalten mit der angewandten Stabilisierungsvariante und damit auch das Leistungsvermögen des Analysators.

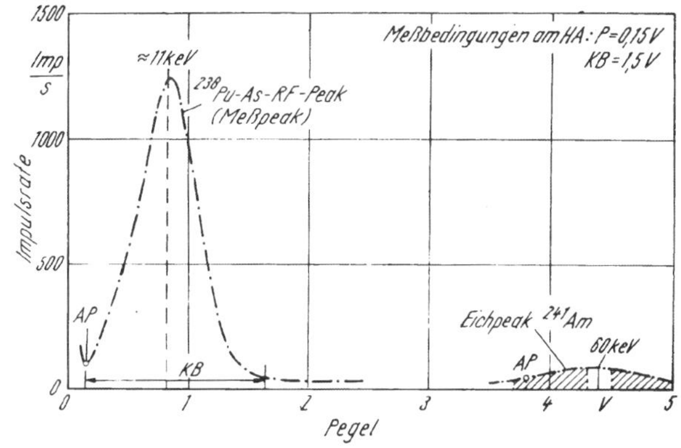

Abb. 4. Spektrum mit AS-Pulverprobe

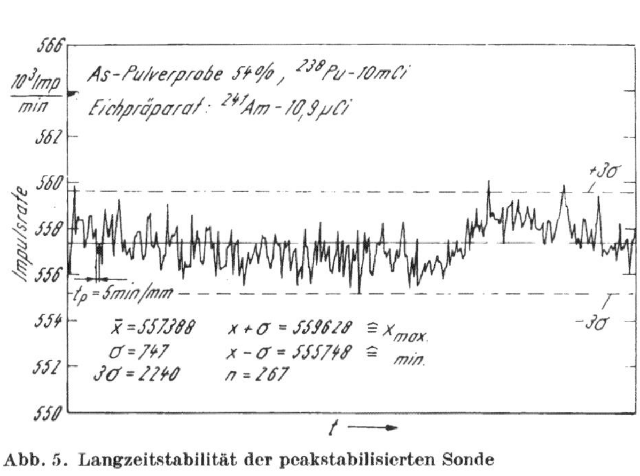

Abb. 5. Langzeitstabilität der peakstabilisierten Sonde

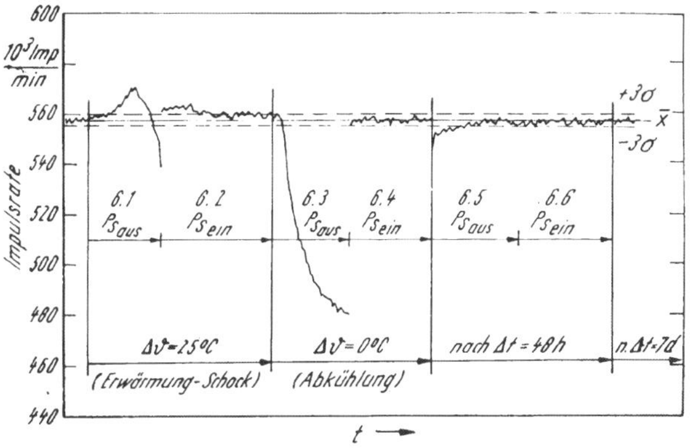

Abb. 6. Stabilität von freilaufender und stabilisierter Sonde

3.3. *Steuerrechner und Gerätesteuerung*

Die Steuerkassette des Analysators, die bei Maximalbestückung noch einen freien Steckplatz aufweist, nimmt neben der Prozessorkarte PK 88 des µR-Systems MPS 4944 (ZfK Rossendorf) die Karten der Gerätesteuerung und bei Bedarf eine kommerzielle BUS-Anzeige auf. Die Leiterplatten sind über die Rechnerbus-Rückverdrahtung miteinander und über flexibles Leiterband bzw. Koaxialkabel mit den entsprechenden Gerätebaugruppen verbunden.

Die Prozessorkarte (Abb. 7) auf der Basis des 8 bit-µP U 880 beinhaltet neben einem 1-kByte-RAM (8 × U 202) einen 3 kByte programmierbaren Festwertspeicher (3 × 2708 ≙ K 573 PF 1-EPROM), der das Steuerprogramm aufnimmt. Es sind Besonderheiten gegenüber anderen U-880-Rechnersystemen z. B. K 1520 durch ein spezielles BUS-System zu beachten. Einzelheiten sind [9] zu entnehmen.

Abb. 7. Prozessorkarte

Die über die Eingabetastatur eingegebenen Daten, z. B. Programmauswahl, Meßregime, Koeffizienten, Iterationszyklus u. a., werden über eine Anzeige- und Tastaturanschlußsteuerung dem Prozessor übergeben und über eine 8stellige Lichtschachtanzeige angezeigt (Multiplexbetrieb). Die Meßdatenein- und -ausgabe einschließlich Bereitstellung und Übermittlung der Befehls- und Meldesignale nach SI 1.2 gültigen Schnittstellenparametern wird über eine SI 1.2-Interfacekarte (digit. Ein- und Ausgabesteuerung) gesteuert.

Analysatorvorwahl- und Meßkopfsteuersignale werden über eine Steuerkarte zur Verfügung gestellt.

Das im EPROM abgelegte Geräteprogramm wurde in Assemblersprache SYPS K 1520 geschrieben und am Kleinrechner KRS 4200 zum lauffähigen Maschinenprogramm assembliert. Die Software wurde über eine MPS 4944 Entwicklungssystem mit 8-kByte-RAM, Tastatur und Monitor getestet (Programmein- und -ausgebemedium: Lochband). Dieses μP-Entwicklungssystem wird zukünftig für Fehlersuche und Geräteservice benötigt.

3.4. *Realisierbare Rechenprogramme*

Neben den Meßprogrammen (Einfach- und Doppelmessung) für den Einsatz des Analysators ITRA-084 als Spektrometermeßplatz kommen als Ergebnis der Verfahrensentwicklung zur Elementanalyse spezielle Rechenprogramme zur Anwendung. Diese Rechenansätze zur Gehaltsbestimmung sind von konkreten Anregungs- und Probenbedingungen abhängig. Sie gestatten neben einer Eliminierung der Matrixeinflüsse durch geeignete Einzelprogramme bzw. deren Kombinationen auch eine Mehrelementbestimmung.

Abb. 8 zeigt den im ITRA-Prototyp abrufbaren Programmkomplex, wobei einzelne Programmteile bei neuen Geräten — sprich Verfahren — ausgetauscht werden können. Dabei entsprechen die in 2.1.—2.8. bestimmten y-Werte dem Elementgehalt in %; als Gleichungskomponenten treten Zählraten bei definierten Energiebereichen und konkreten Filterpositionen sowie Konstanten auf.

1. Meßprogramme:
   - 1.1 Messen einmalig
   - 1.2 Messen mehrmalig (Mittelwertbildung)
2. Rechenprogramme:
   - 2.1 $Y = D_1 * A_1 + A_2 \curvearrowright D_1 = I_{11} - I_{12}$
   - 2.2 $Y = D_2 * A_1 + A_2 \curvearrowright D_2 = I_{23} - I_{24}$
   - 2.3 $Y_1 = D_1 * A_1 + A_2 \curvearrowright D_1 = I_{11} - I_{12}$
     $Y_2 = D_2 * A_3 + A_4 \curvearrowright D_2 = I_{23} - I_{24}$
   - 2.4 $Y_1 = (I_{11} - I_{12}) * A_1 + A_2$
     $Y_2 = (I_{23} - I_{24}) * A_3 + D_1 * A_4 + A_5 \curvearrowright D_1$ aus Progr. 2.1 od. 2.3
   - 2.5 $Y = \frac{I_{11} - I_{12}}{(I_{31} * A_1) + A_2}$
   - 2.6 $Y = (I_{11} - I_{12}) * A_1 + I_{13} * A_2 + A_3$
   - 2.7 $Y = (I_{11} - I_{12}) * (I_{11} - I_{12}) * A_1 + A_2$
   - 2.8 $Y = (I_{11} - I_{12}) * (I_{23} - I_{24}) * A_1 + A_2$

A_ν = Konstanten
I_{jk} = Impulsrate (bei Kanal j, bei Filter k)

Abb. 8. Realisierte Rechenprogramme des Prototyps

3.5. *Meßkopf*

Der Szintillationsmeßkopf mit Probenaufnahme besteht konstruktiv aus einem verkleideten Stahlskelett und wird über jeweils 1 Informations- und Steuerkabel an das Zentralgerät angeschlossen. Abb. 9 zeigt dessen inneren Aufbau, der aus Probenaufnahme, ^{238}Pu-Anregungsquelle in Zentralgeometrie, drehbarer Filterscheibe, der Szintillationssonde mit NaI(Tl)-Kristall und ^{241}Am-Stabilisierungspräparat LF ($\approx$400 kBq) sowie der Meßkopfelektronik besteht. Der Filtereinlauf der $n = 4$ Kantenfilter wird in Abhängigkeit der angesprochenen Rechenprogramme über eine Schrittmotorsteuerung NSA-GV 44 und die Filterpositionierelektronik gewährleistet. Die Ankopplung von Proportionalzählrohren an den Schnellanalysator kann über einen der PZR-Sonde zwischengeschalteten Verstärker realisiert werden, der außer der notwendigen Signalverstärkung eine zusätzliche Zeitkonstantenformung (Integration und Differentiation) zur Erzielung eines optimalen Signal-Rausch-Abstandes beinhalten muß.

Abb. 9. Innerer Aufbau des Szintillationsmeßkopfes

3.6. *Ergänzungen*

Die Stromversorgungsetage des Schnellanalysators nimmt sowohl längsgeregelte Stromversorgungsmodule (VEB Statron Fürstenwalde) als auch ein hochstabiles Doppelnetzteil (ZWG der Akademie der Wissenschaften) zur Versorgung der Einkanalanalysatoren auf und ist als Schwenkrahmen ausgeführt.

Die Verdrahtung ist in Löt- und Wickelverbindungstechnik (MPS-BUS) ausgeführt. Zur Vermeidung von Fehleingaben und unsachgemäßen Manipulationen am Gerät werden die zur Gerätebedienung nicht benötigten Einstellelemente durch eine großformatige Piacrylscheibe abgedeckt.

3.7. *Ausblick*

Der große Bedarf an Schnellanalysegeräten des vorgestellten Typs im eigenen Kombinat bzw. im Industriezweig ist bekannt. Dafür sprechen die diesbezüglichen Geräteforderungen. Da das FNE als Forschungseinrichtung des Mansfeld-Kombinates nicht die Kraft aufbringen kann, diesen Bedarf zu decken, laufen seit einiger Zeit die Abstimmungen und technisch-technologischen Vorarbeiten zur Überleitung des ITRA-Gerätebaues an den Automatisierungsbetrieb Eisleben.

Eingegangen am 2. 5. 1985

Literatur

[1] *E. Lehmann, G. Krüger,* Isotopenpraxis **15** (1979) 179

[2] *G. Krüger, W. Böhme, M. Thomae, G. Loos,* Isotopenpraxis **19** (1983) 198

[3] *V. Kliem,* „Ergebnisse der Stabilitätsuntersuchungen am RF-Analysegerät ‚Mehrkanal-ITRA' ". Laborbericht 10-82 FLIT vom 19. 10. 1982

[4] „Strahlungsmeßgerät 20046“. Techn. Unterlagen und Beschreibung; VEB Meßelektronik „Otto Schön“, Dresden, Ausgabe 1981

[5] Baugruppen des Einschubsystems AS 75, Analysator B 20120. Techn. Unterlagen und Beschreibung; VEB Meßelektronik „Otto Schön“, Dresden, Ausgabe 1975

[6] *W. Riedel, E. Dahn, M. Braune*, Isotopenpraxis **13** (1977) 135

[7] *V. Kliem*, Erprobungsbericht zum Röntgenfluoreszenzspektrometer PAZ-P der SDAG-Wismut. Laborbericht 2-83 FLIT vom 15. 2. 1983

[8] *V. Kliem*, Erprobungsbericht zum digitalen Peakstabilisator des ZfI Leipzig im Hinblick auf den Einsatz im RFA-Analysator „Mehrkanal-ITRA“. Laborbericht 11-83 FLIT vom 1. 11. 1983

[9] Das modulare Mikrorechnersystem MPS 4944, Beschreibung; AdW der DDR, Zentralinstitut für Kernforschung Rossendorf. DB Technik, HA Entwicklung und Konstruktion

Isotopenpraxis 22 (1986) 5, S. 179 bis 181

Herstellung eines ^{102}Rh-Tracers

B. Gorski, W. Heinig

(Zentralinstitut für Isotopen- und Strahlenforschung der AdW der DDR)[1]

Die in Kernreaktoren als Meßfühler eingesetzten Elektronenemissionsdetektoren enthalten als Emittermaterial Rhodium. Es ist möglich, aus den verbrauchten Detektoren durch Aufschluß des Emitters ^{102}Rh-markierte Lösungen zu erhalten. Die Herstellung und Reinigung der Lösungen wird beschrieben.

Electronic emission detectors used in reactors for the control of the neutron flux density contain rhodium emitter material. By chemical pulping of the emitter it is possible to get ^{102}Rh labelled solutions of the spent detectors. The preparation and purification of the solutions are described.

Keywords

gamma spectroscopy; in core instruments; purification; rhodium 102; rhodium compounds

1. Einleitung

Für die radioaktive Markierung von Rhodiumverbindungen sind die Nuklide ^{100}Rh ($T_{1/2} = 20{,}8$ h), ^{102m,102}Rh ($T_{1/2} = 206$ d, 2,9 a) und ^{105}Rh ($T_{1/2} = 35{,}5$ h) geeignet. Diese sind keine Reaktorisotope und befinden sich nicht im Lieferangebot von Isocommerz.

^{100}Rh bzw. ^{105}Rh können durch Zyklotronbestrahlung von Zirkonium mit ^{12}C bzw. durch Neutronenaktivierung des Rutheniums gewonnen werden [1, 2]. Die Herstellung dieser Nuklide ist apparativ relativ aufwendig, erfordert umfangreiche chemische Trennoperationen, und aufgrund ihrer kurzen Halbwertszeiten sind ^{100}Rh und ^{105}Rh zur Untersuchung der durch außerordentlich langsame Kinetik gekennzeichneten Chemie des Rhodiums nur bedingt geeignet.

^{102}Rh/^{102m} Rh kann im Zyklotron durch ^{102}Ru(p, n)^{102}Rh gewonnen werden, zum anderen entsteht es bei der Bestrahlung von Rhodium mit schnellen Neutronen bzw. durch (γ, n)-Reaktionen nach ^{103}Rh(n, 2n)^{102}Rh bzw. ^{103}Rh(γ, n)^{102}Rh. ^{102}Rh ist sowohl durch seine günstige Halbwertszeit als auch aufgrund seiner emittierten γ-Strahlung gut für die Rhodiummarkierung geeignet [3].

Für die ^{102}Rh-Gewinnung können die in Kernreaktoren zur Überwachung der Neutronenflußdichte als Meßfühler eingesetzten Elektronenemissionsdetektoren genutzt werden. Als Emittermaterial wird in diesen Detektorsystemen u. a. auch Rhodium verwendet [4, 5]. Nach Beendigung der Einsatzzeit des Detektors liegt der Emitter als ein Material vor, das ^{102m,102}Rh enthält, die beide durch γ-Spektrometrie gut nachweisbar sind. Neben Rh enthält der Emitter in geringen Mengen ^{192}Ir und die stabilen Isotope ^{102}Pd, ^{102}Ru und ^{104}Pd.

Der Emitter besteht aus einem Rhodiumdraht von 200 mm Länge und 0,8 mm Durchmesser mit einem Gewicht von 1,275 g [5].

2. Charakterisierung der Emitterprobe durch γ-Spektrometrie

Das γ-Spektrum einer Emitterprobe ist in Abb. 1 dargestellt. Die Messungen erfolgten mit einem koaxialen Ge(Li)-Detektor (30 cm³ Aktivvolumen) vom Institut für

[1]) Anschrift: DDR-7050 Leipzig, Permoserstr. 15

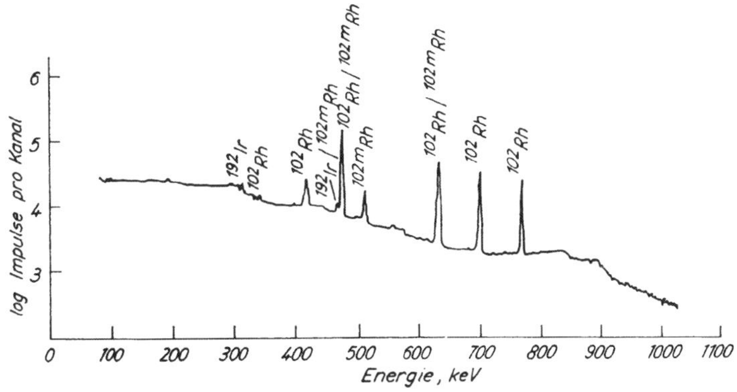

Abb. 1. γ-Spektrum des Rhodiumdrahtes nach dem Auflösen in HBr/Br$_2$

Kernforschung Řež, gekoppelt mit einem Vielkanalanalysator NTA-1024 vom Werk für Elektronische Meßgeräte Budapest.

Eine Probe des Rhodiumdrahtes (3,15 mg) wurde in einem Abstand von 2,5 cm zum Ge(Li)-Detektor mit einer Meßzeit von $T_M = 10000$ s gemessen.

Zur Peakauswertung wurde ein einfaches Rechenprogramm verwendet [6]. Die Aktivitätsbestimmung von ^{102}Rh erfolgte durch Auswertung des Peaks bei 697,1 keV. Zur Aktivitätsbestimmung von ^{102}Rh wurde der Peak bei 511 keV (Vernichtungsstrahlung) ausgewertet, da alle anderen Peaks von ^{102m}Rh durch γ-Übergänge gleicher Energien von ^{102}Rh oder ^{192}Ir gestört sind [7]. ^{192}Ir wurde anhand des Doppelpeaks bei 308,4/316,5 keV ausgewertet, da der Einzelpeak bei 468,1 keV von einem Peak des ^{102m}Rh bei 468,6 keV überlagert wird.

Zur Bestimmung der spezifischen Aktivität der Emitterprobe wurden die Impulsraten der angegebenen Peaks, unter Berücksichtigung der absoluten Intensitäten der entsprechenden γ-Energien, des relativen Wirkungsgrades des Ge(Li)-Detektors bei diesen Energien, der Meßzeit und der Probeneinwaage, in MBq/g umgerechnet.

Die spezifische Aktivität des Rhodiumdrahtes betrug zum Meßzeitpunkt 15 MBq/g (9,1 MBq/g ^{102}Rh + 5,9 MBq/g ^{102m}Rh), bei einer Verunreinigung von 0,7 MBq ^{192}Ir.

Berechnet man die spezifische Aktivität des Rhodiumdrahtes für den Endzeitpunkt einer Reaktorkampagne, so ergibt sich eine Erhöhung der Aktivität auf über 200 MBq/g (17,9 MBq/g ^{102}Rh + 185,7 MBq/g ^{102m}Rh). Damit lassen sich bei Verwendung eines Szintillationsdetektors mit Bohrlochkristall Lösungen bis zu einer minimalen Rhodiumkonzentration von ca. 10^{-6} mol/l durch Messung der Zählraten nachweisen.

3. Aufschluß und Abtrennung des Rhodiums

Rhodium besitzt bei Normaltemperatur eine außerordentliche Stabilität gegenüber Säuren, Laugen und anderen chemischen Reagenzien. Als kompaktes Material ist Rhodium mit herkömmlichen Methoden, wie Behandlung in Gegenwart von Oxydationsmitteln, oxydierenden Schmelzen usw. praktisch nicht aufschließbar. Größere Reaktionsfähigkeit zeigt Rhodium, wie auch andere Platinmetalle, in Form von metallischem Pulver. Der hier vorliegende Rhodiumdraht wurde deshalb mechanisch in möglichst kleine Teile zerschnitten. Mit den erhaltenen Spänen wurden verschiedene Aufschlußvarianten erprobt. Schmelzen mit $K_2S_2O_7$ bzw. mit NaOH, Na_2O_2 bei 500–800 °C, sowie Kochen mit Königswasser führten zu keinem Erfolg. Feines Rhodiumpulver, das im Wasserstoffstrom erhalten wurde, kann nach Literaturangaben [8] mit einem Gemisch HBr, Br_2 beim Kochen im Wasserbad in lösliche Rhodiumbromide überführt werden. Für die hier vorliegenden Rh-Späne verläuft der Prozeß in dieser Form außerordentlich langsam, kann aber durch Temperaturerhöhung beschleunigt werden und zur quantitativen Auflösung des Rhodiums führen.

Man verfährt wie folgt: Zu 61,1 mg Rh werden 7 ml 48% HBr-Lösung und 5 ml Br_2 gegeben. Die Lösung wird 6 h am Rückfluß zum Sieden erhitzt, die Temperatur der Lösung beträgt dabei ca. 125 °C. Nach Entfernen des Rückflußkühlers wird das Brom abgedampft. Es entsteht eine violette Lösung, die 58% des eingesetzten Rhodiums als Bromokomplex enthält. Nach dem Abfiltrieren der Lösung wird in einer zweiten Stufe (10 h mit HBr/Br_2 zum Sieden erhitzen) der restliche Teil der Rhodiumspäne in Lösung übergeführt.

Die Lösungen enthalten entsprechend 35,8 mg und 25,3 mg Rh. Aus den γ-Spektren ergibt sich in beiden Lösungen ein praktisch gleiches Verhältnis zwischen ^{102m}Rh, ^{102}Rh und ^{192}Ir. Zur Ir-Abtrennung wurde die HBr-Lösung in eine salzsaure Rhodiumchloridlösung übergeführt. Dazu wurde ein Teil der Lösung zur Trockne eingeengt und in 6,3 M HCl aufgenommen (Variante 1). Aus einem zweiten Teil wurde Rhodium als Hydroxid ausgefällt, der Niederschlag mit H_2O gewaschen und in 6,3 M HCl gelöst (Variante 2). Im ersten Fall entsteht eine rote Lösung des Hexachlorokomplexes, im zweiten Fall bildet sich eine gelbe Rhodiumtrichloridlösung, die sehr langsam in die rote Rhodiumhexachloridlösung übergeht. Die Ir-Abtrennung erfolgt durch Extraktion mit Tributylphosphat (TBP), wozu Iridium in die vierwertige Form übergeführt werden muß. Dazu werden zu 6 ml der salzsauren (> 6 M HCl) Rhodiumlösung einige Tropfen 30%ige-H_2O_2-Lösung gegeben, es wird zum Sieden erhitzt, abgekühlt und mit 75% TBP in Dichlorethan im Phasenverhältnis $V_{aq.}/V_{org.} = 2:1$ zweimal extrahiert. Danach konnte im γ-Spektrum der wäßrigen Rhodiumlösung kein Ir mehr nachgewiesen werden (Abb. 2).

Bei der Überführung der HBr- in die HCl-Lösung sollte der Variante 1 der Vorzug gegeben werden. Die Hydroxidfällung ist aufwendiger und die anschließende Überführung des Rhodiums in den Hexachlorokomplex langwierig.

Bei der Ir-Extraktion wird gleichzeitig das in der Lösung vorhandene Palladium abgetrennt, so daß eine chemisch und radiochemisch reine Rhodium-Lösung entsteht.

Die hier hergestellte Rhodiumlösung hatte eine Konzentration von 0,64 g/l und eine spezifische Aktivität von 9,25 MBq/l (0,25 mCi/l).

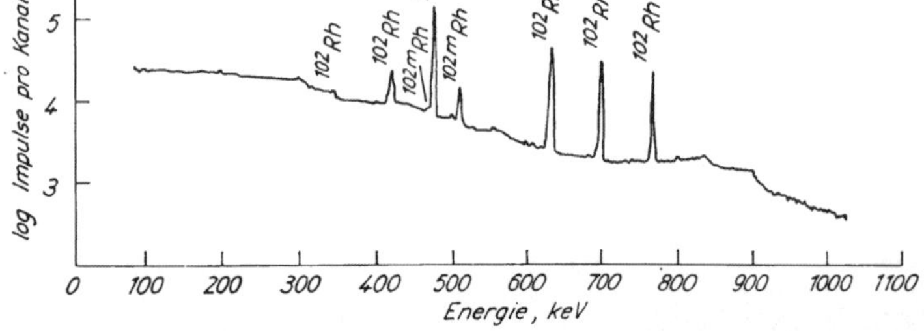

Abb. 2. γ-Spektrum des Rhodiumdrahtes nach erfolgter Extraktion mit TBP in Dichlorethan

Schlußfolgerungen

Die Ergebnisse zeigen, daß es möglich ist, das Emittermaterial zur Herstellung von $^{102m}Rh/^{102}Rh$-markierten Verbindungen zu nutzen. Aus der hier erhaltenen salzsauren Rhodiumhexachloridlösung können durch bekannte chemische Operationen weitere Rhodiumverbindungen synthetisiert werden.

Geht man davon aus, daß in der Spaltzone eines Kernreaktors 60 Detektoren mit je 1,3 g Rhodium eingesetzt werden, so ergibt sich nach einer Laufzeit von 3 a ein Rhodiummaterial $^{102m/102}Rh$ mit einer Aktivität von 15 GBq.

Eingegangen am 2. 5. 1985

Literatur

[1] *H. U. Försterling*, unveröffentl. Ergebnisse

[2] *M. Knothe*, Isotopenpraxis **16** (1980) 194

[3] *B. Gorski, N. Gorski*, Radiochim. XXI (1979) 282

[4] *M. Rösseler*, Privatmitteilung

[5] *H. Stein, A. Endler, L. Wetzel, R. Janke, W. Rolle*, Kernenergie **23** (1980) 226

[6] *W. Heinig, M. Rösseler*, Isotopenpraxis **21** (1985) 136

[7] *G. Erdtmann, W. Soyka*, Nuclear Data Service, Leipzig (1980)

[8] *S. I. Ginsburg* u. a., „Analytische Chemie der Platinmetalle". Moskau: Isd. Nauka 1972

Isotopenpraxis **22** (1986) 5, S. 181 bis 184

Emissionsspektroskopische ^{15}N-Analytik 1985

G. Meier

(Zentralinstitut für Isotopen- und Strahlenforschung Leipzig)[1]

Herrn Prof. Dr.-Ing. *J. Mühlenpfordt* zum 75. Geburtstag gewidmet

Der Stand der emissionsspektroskopischen ^{15}N-Analytik wird am Beispiel des ^{15}N-Analysators NOI-6e erläutert. Es handelt sich um ein Gerät, mit dem bei hohen Bedienkomfort durch Bedienerführung mittels Mikrorechner die relative ^{15}N-Häufigkeit in Standardentladungsrohren oder in Ammoniumsalzlösungen an 10 µg Stickstoff in kurzer Zeit mit einer Standardabweichung $\sigma \leqq 0{,}6\%$ bestimmt werden kann. Die Probenumarbeitung erfolgt mit einem im Gerät integrierten Probenumarbeitungssystem.

The state of emission spectroscopic ^{15}N-analysis is explained on example of the NOI-6e ^{15}N-analyzer. This is an analytical instrument with high operation comfort by computer guidance, digital data acquisition and processing by means of a microcomputer. The ^{15}N-abundance can be determined in standard discharge tubes or also in liquid ammonium salt solutions by means of an integrated sample preparation system on 10 µg nitrogen in a short time with a standard-deviation σ less than 0.6%.

Keywords

emission spectroscopy; isotope ratio; nitrogen 15; measuring instruments; sample preparation; microanalysis

Langjährige Traditionen fortsetzend wurde im Zentralinstitut für Isotopen- und Strahlenforschung (ZfI) Leipzig der Akademie der Wissenschaften der DDR in Zusammenarbeit mit dem Labor der Internationalen Atomenergie-Organisation IAEA Wien—Seibersdorf und dem VEB Robotron Meßelektronik „Otto Schön" Dresden ein Analysengerät vom Typ NOI-6e zur Bestimmung der relativen ^{15}N-Häufigkeit entwickelt.

Basis dieses Gerätes ist einerseits der 1980 im ZfI Leipzig fertiggestellte ^{15}N-Analysator NOI-6 [1] und andererseits die Nutzung der Möglichkeiten heutiger Mikrorechnerelektronik. Der Analysator ist ein zweiteiliges Tischgerät, welches nach dem emissionsspektroskopischen Prinzip arbeitet (Abb. 1). Den Forderungen der Anwender

Abb. 1. ^{15}N-Analysator NOI-6e

[1]) Anschrift: DDR-7050 Leipzig, Permoserstr. 15

der ^{15}N-Tracertechnik, insbesondere aus den Gebieten der Landwirtschaftsforschung, der Biologie und der Medizin, Rechnung tragend, sind unterschiedliche Betriebsregimes vorgesehen. Es kann die relative ^{15}N-Häufigkeit in folgenden Proben ermittelt werden:

- gasförmige Stickstoffproben in abgeschmolzenen Entladungsrohren
- gasförmige Stickstoffproben im Trägerstrom mittels einer Gasdosiervorrichtung
- flüssige Ammoniumchloridlösungen (NH_4Cl) mittels eines im Gerät integrierten Probenumarbeitungssystems.

In der Praxis wird von der Möglichkeit der ^{15}N-Bestimmung in flüssigen Ammoniumchloridlösungen am häufigsten Gebrauch gemacht. Dabei wird molekularer Stickstoff aus Ammonium durch Hypobromit nach der Reaktionsgleichung

$$2\,NH_4^+ + 2\,OH^- + 3\,BrO^- \rightarrow N_2 + 3\,Br^- + 5\,H_2O$$

freigesetzt und gelangt über Drosselkapillaren im Trägergasstrom (Helium) in das integrierte Quarzentladungsrohr (Abb. 2).

Das im Entladungsrohr befindliche Gas wird in bekannter Weise mittels Hochfrequenz zur Lichtemission ange-

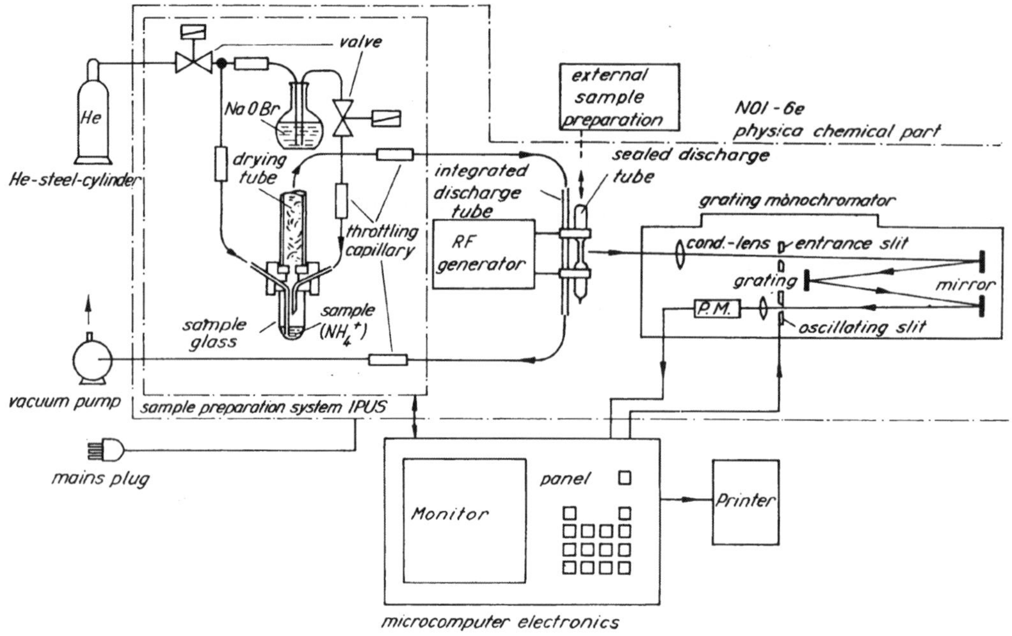

Abb. 2. Funktionsschema des NOI-6e

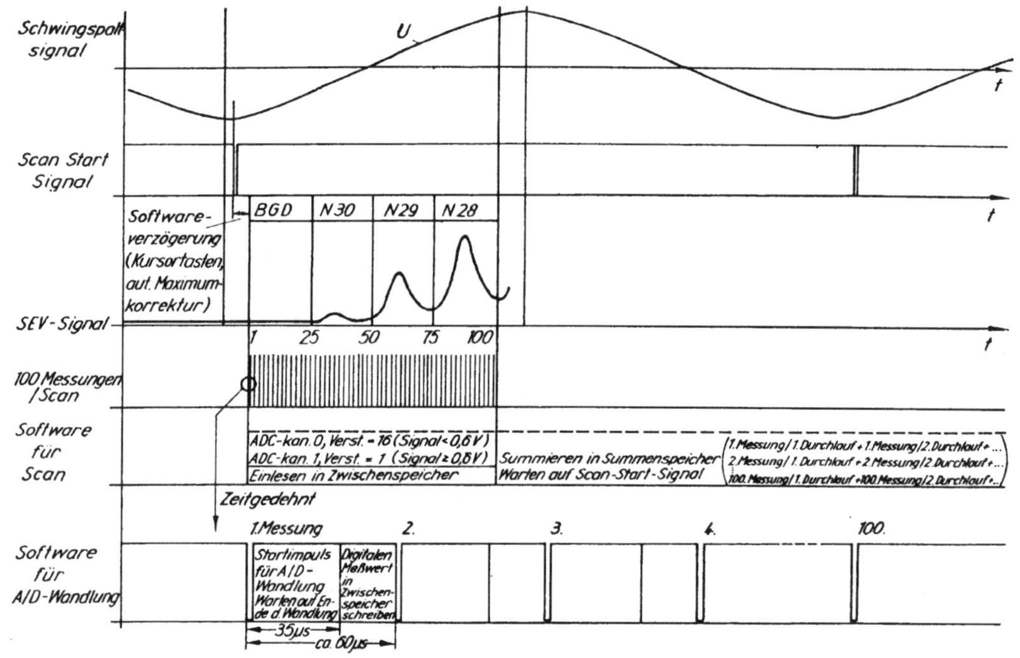

Abb. 3. Signal-Zeit-Diagramm, digitale Datenerfassung

regt. Nach spektraler Zerlegung des Lichtes in einen Gittermonochromator mit einer Dispersion von 1,5 nm/mm und einer blaze Wellenlänge von 300 nm wird der Spektralbereich der 2-0-Bande des zweiten positiven Stickstoffsystems bei 298 nm mittels eines Schwingspaltes mit einer Frequenz von 70 Hz abgetastet.

Die Anwendung des K1520-Mikrorechnersystems ermöglicht die digitale Datenerfassung gemäß Abb. 3 in folgender Weise: Gestartet durch einen mit der Schwingspaltfrequenz synchronisierten Scan-Start-Impuls wird das vom SEV gelieferte Analogsignal in einer halben Periode der Schwingspaltfrequenz (der Spalt bewegt sich von links nach rechts über den Spektrenausschnitt) in 100 Kanäle aufgeteilt. In jeden einzelnen Kanal wird, von einem ADC Startimpuls beginnend, das jeweils anliegende SEV-Signal analog-digital gewandelt und abgespeichert. Für eine Analog-digital-Wandlung werden 35 µs benötigt. Mit der Abspeicherung im Zwischenspeicher erhöht sich die erforderliche Zeit pro Kanal auf 60 µs, entsprechend für 100 Kanäle auf 6 ms. Die ADC-Startimpulse werden durch Software so gesteuert, daß die 100 Kanäle gleichverteilt über die gewünschte Zeit (halbe Periode) sind, wobei für jeden Peak ($^{14}N_2$; $^{14}N^{15}N$; $^{15}N_2$) und den Untergrund (BGD) jeweils 25 Kanäle vorgesehen sind (Abb. 4). Während des Rücklaufs des Spaltes (von rechts nach links), d. h. der zweiten Halbperiode der Schwingspaltfrequenz, werden die Digitalwerte mit max. 10 bit auf jeweils gleiche Speicheradressen aufsummiert.

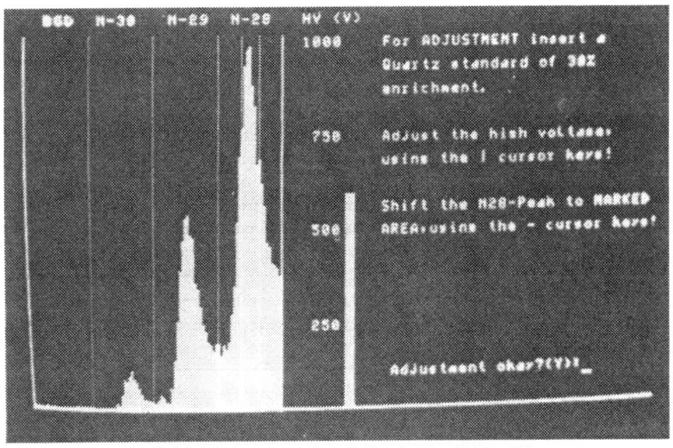

Abb. 4. Monitorbild „Adjustments of Peaks" mit Spektrenscan

Dementsprechend wird der Spektrenscan pro Sekunde 70 mal (entsprechend der Schwingspaltfrequenz) abgetastet. Bei einer Meßzeit von 5 Sekunden ergibt sich eine 350fache Abtastung des Spektrenscans. Etwa 50 Abtastungen werden für Regelzwecke benötigt. Die SEV-Hochspannung wird beispielsweise automatisch immer so eingeregelt, daß der max. große Peak (meist der $^{14}N_2$-Peak; bei ^{15}N-Konzentrationen $\leqq 33\%$) zwischen 8,5 und 9,5 V liegt. Es verbleiben 300 Abtastungen für die Auswertung, was einer 300fachen Messung der Peaks entspricht. Dazu muß als Vorteil bewertet werden, daß die Meßzeit außerordentlich kurz ist (insgesamt 5 s) und der Abstand der Erfassung benachbarter Peaks bei 25 Kanälen = 1,5 ms liegt. Die Wahrscheinlichkeit der Änderung der Gasentladungsparameter ist in solch kurzen Zeitabständen geringer als vergleichsweise bei der früheren Meßmethode [2], bei der ein Spektrenscan in einer Minute abgetastet wurde. Weiterhin wird neben der SEV-Hochspannung die Peaklage durch geringe Verschiebung des Scan-Start-Impulses automatisch in stets die gleiche Position nachgeregelt, solange der N-28 Peak in dem markierten Bereich mit einer Breite von 7 Abtastkanälen liegt.

Bekanntlich überlagern sich die Emissionsbanden der isotopen Stickstoffmoleküle $^{14}N_2$, $^{14}N^{15}N$ und $^{15}N_2$, so daß der aus den Peakhöhen dieser Banden ermittelte Wert nach der Gleichung

$$^{15}\text{N}(1)\ (\text{Atom-}\%) = \frac{100}{\dfrac{2\ ^{14}\text{N}_2}{^{14}\text{N}^{15}\text{N}} + 1}$$

oder

$$^{15}\text{N}(2)\ (\text{Atom-}\%) = 100 - \frac{100}{\dfrac{2\ ^{15}\text{N}_2}{^{14}\text{N}^{15}\text{N}} + 1}$$

mittels einer Eichfunktion korrigiert werden muß.

Der Rechner enthält Speicherplätze, die für 3 Eichfunktionen (Quarz-Entladungsrohre, Glas-Entladungsrohre, Messung flüssiger Proben mittels Probenumarbeitungssystem) mit jeweils maximal 56 Standardwerten über einen beliebigen ^{15}N-Bereich vorgesehen sind. Die Auswertung unterschiedlicher Peaks ($^{14}N_2$ und $^{14}N^{15}N$ oder $^{15}N_2$ und $^{14}N^{15}N$) ergibt 2 Teile der Eichkurve (Abb. 5) ^{15}N(1) und ^{15}N(2). Die Korrektur erfolgt automatisch und die Umschaltung von ^{15}N(1) in ^{15}N(2) wird vom Benutzer nicht bemerkt.

Durch die Vielfachmessung der Peaks wird der zufällige Fehler bzw. die Standardabweichung σ vermindert, durch die Eichfunktion über die große Zahl von Standardwerten kann der systematische Fehler reduziert werden.

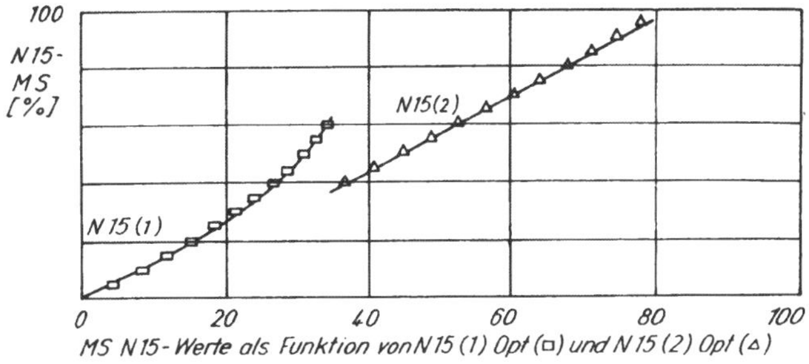

Abb. 5. Eichfunktion ^{15}N(MS) = $f(^{15}$N(Opt.))

Die mit der Anwendung des Mikrorechners gegebenen Möglichkeiten der Bedienerführung werden voll genutzt. Das auf der Basis jahrelanger Erfahrung erarbeitete umfangreiche Programm enthält alle notwendigen Informationen für die detaillierten Arbeitsschritte der unterschiedlichen Betriebsregimes, wie

- Anfahrprogramm
- Eichung abgeschmolzener Entladungsrohre (Quarz, Glas)
- Eichung für flüssige Proben
- Meßroutinen für die unterschiedlichen Proben
- Check- und Prüfprogramme
- Justier- und Abgleichprogramme
- Abfahrprogramm

Programmschritte, welche detaillierte Kenntnisse des Meßprinzips und entsprechende Fertigkeiten erfordern, sind nur über ein PASSWORT zu erreichen. Damit werden z. B. abgespeicherte Eichkurven und andere abgespeicherte Daten vor unbefugten Eingriffen oder leichtfertigen Änderungen geschützt.

Durch Sensoren werden wesentliche Parameter, z. B. der Trägergasdruck und der Spektrenuntergrund, überwacht und entsprechende Abweichungen vom Sollwert auf dem Monitor angezeigt. Über Maßnahmen zur Beseitigung solcher Störungen wird der Benutzer über den Monitor informiert, z. B. Trockenrohrwechsel im IPUS bei zu hohen Spektrenuntergrund, Trägergasdruckeinstellung etc.

Wichtigstes Resultat der Entwicklung ist neben der Erhöhung des Bedienkomforts und der Zuverlässigkeit die beachtliche Verringerung des Meßfehlers [3].

Bekanntlich wird jedes Meßergebnis verfälscht durch Unvollkommenheit des Meßobjektes, der Meßgeräte und der Meßverfahren, außerdem durch Umwelteinflüsse und Einflüsse des Beobachters oder des Bedienpersonals sowie durch zeitliche Veränderungen bei all diesen Fehlerquellen. Es wird zwischen systematischen und zufälligen Fehlern unterschieden, wobei sich prinzipiell systematische Fehler durch Korrekturen ausschalten lassen, während zufällige Fehler durch nicht erfaßbare und nicht beeinflußbare Faktoren verursacht werden. Nicht korrigierte oder nicht exakt korrigierte Meßwerte machen das Ergebnis unrichtig, zufällige Fehler machen das Ergebnis unsicher [4] und werden gekennzeichnet durch die Standardabweichung σ. Statistische Untersuchungen am ^{15}N-Analysator NOI-6e zeigten, daß die relative Standardabweichung des Mittelwertes

$$\sigma_{\bar{x}\,\text{rel.}} = \frac{\sqrt{\sum\limits_{i=1}^{n} \dfrac{(x_i - \bar{x})^2}{n-1}}}{\sqrt{n}\,\bar{x}} \cdot 100$$

wobei

$$\bar{x} = \frac{1}{n} \sum_{i=1}^{n} x_i$$

bei 68 Messungen der gleichen Probe an unterschiedlichen Tagen und Umweltbedingungen (Temperatur, Luftdruck, Luftfeuchte) bei gleicher Position des Entladungsrohres im Entladungsschacht des HF-Generators bei 0,3% liegt.

Messungen flüssiger Proben liefern bei sorgfältiger Arbeitsweise und exakt eingehaltenen Parametern ebenfalls eine relative Standardabweichung von $\sim$0,4%.

Systematische Fehler können prinzipiell folgende Ursachen haben:

- nicht zu vernachlässigende Fehler bei den massenspektrometrischen Standard-Vergleichsmessungen
- Bandenüberlagerung
- geringe Spektrenverschiebung durch Temperatureinflüsse
- Absorption des Entladungsdrohrmaterials
- unterschiedliche SEV-Empfindlichkeit in Abhängigkeit von der Hochspannung
- unterschiedliche Dispersion der Monochromatoren
- Änderungen der Schwingspaltamplitude
- zeitliche Änderungen der Gasentladung
- Untergrundeffekte; Überlagerung des Spektrums durch Fremdgasspuren
- Isotopenverdünnung durch parasitären Stickstoff.

Die Bandenüberlagerung sowie unterschiedliche Auflösung verschiedener Monochromatoren werden grundsätzlich mit der beschriebenen Eichfunktion korrigiert. Ebenso wird für eine Konstanthaltung der Schwingspaltamplitude sowie für eine elektronische Korrektur geringer Spektrendriften durch Temperatureinflüsse gesorgt. Die Einhaltung der gegenüber dem früheren Meßprinzip [2] deutlich verminderten Standardabweichung erfordert aber gleichzeitig die Beachtung folgender Hinweise. Bei der Messung abgeschmolzener Entladungsrohre ist auf die Verwendung unbedingt gleichen Materials für die Entladungsrohre zu achten. Weiterhin spielt die Geometrie der Entladungsrohre insofern eine Rolle, als z. B. einerseits durch unterschiedliche Wanddicken unterschiedliche Absorptionen bei den Wellenlängen der isotopen Banden auftreten und andererseits auch exzentrisch angeschmolzene Kapillaren kurzzeitige geringe Spektrenverschiebungen durch nicht exakte Position der Entladungsrohrkapillare verursachen, die durch die elektronische Spektrendriftkompensation u. U. nicht in ausreichendem Maße schnell korrigiert werden. Bei der Messung flüssiger Proben (NH_4Cl-Lösungen) mittels des integrierten Probenumarbeitungssystems hat man den Vorteil, mit stets dem gleichen Gasentladungsrohr zu messen, welches in bezug auf Material und Position der Kapillare optimiert ist, so daß die bisher genannten systematischen Fehlereinflüsse keine Rolle spielen. Dafür haben nun die Parameter einen Einfluß, die bei der Probenumarbeitung z. B. unterschiedliche Untergrundeffekte und Überlagerungen des Spektrums bewirken. Solche Parameter können z. B. sein:

- Reinheit des Trägergases
- Anteil parasitären Stickstoffs in der Meßprobe
- Molarität des NaOBr (Reinheit der Chemikalien)
- richtige Probenmenge (10 bis 50 µg N_2) in der Lösung.

Diese Parameter sind durch sorgfältige Arbeitsweise konstant zu halten, wobei der Anteil parasitären Stickstoffs möglichst niedrig sein soll. Bei der Messung flüssiger Proben wird das NaOBr erst bei Erreichung eines definierten niedrigen Spektrenuntergrundes zu der Probe gegeben, wodurch sich der molekulare Probenstickstoff bei stets gleichen Untergrundpegel entwickelt und in das Entladungsrohr gelangt. Befinden sich aber beispielsweise Wasserspuren im Kapillarsystem und im Entladungsrohr, wird zwar rasch ein niedriger Untergrundpegel bei der $^{14}N_2$-Bande erreicht, das Meßergebnis jedoch durch Überlagerung verfälscht. Wasserspuren sind zum anderen deutlich an der roten Farbe der Gasentladung erkennbar und der Bediener wird über Monitor bzw. Anleitung aufgefordert, in einem solchen Fall das Trockenrohr zu wechseln.

Die Untersuchungsergebnisse zeigen, daß bei sorgfältiger Arbeitsweise und Beachtung aller Hinweise eine Standardabweichung von $\leqq$0,6% bei einer statistischen Sicherheit von $P = 95\%$ erreichbar ist. Der „wahre Wert" ist demgemäß mit 95% im Vertrauensbereich $\bar{x} = \frac{t}{\sqrt{n}} \sigma$ zu erwarten. Der Faktor t (t-Verteilung nach *Student* [4]) hängt ab von der Zahl der Messungen n und der statistischen Sicherheit P. t beträgt bei $P = 95\%$:

n	t	$t/\sqrt{n}$
2	(12,7)	(9)
3	4,3	2,5
4	3,2	1,6
5	2,8	1,24

Bei 3 Einzelwerten ist dementsprechend der „wahre Wert" mit 95% bei $\bar{x} \pm 2{,}56 = \bar{x} \pm 1{,}5\%$ zu erwarten.

Ursachen der statistischen Schwankungen der Ergebnisse werden insbesondere in nicht erfaßbaren Gasentladungseffekten vermutet.

Eingegangen am 16. 9. 1985

Literatur

[1] *G. Meier, K. Mauersberger*, Isotopenpraxis, 18 (1982) 164

[2] *G. Meier, G. Müller*, Isotopenpraxis 1 (1965) 53; oder auch: Firmendruckschrift VEB Statron „Der ^{15}N-Analysator NOI-5" (1974)

[3] *G. Meier*, (ZfI Leipzig) *S. Hollenthoner* (IAEA Wien-Seibersdorf) „Final Report on improved ^{15}N-Analyzer NOI-6e". IAEA/RL/117, Mai 1985

[4] Grundbegriffe der Meßtechnik, z. B. DIN 1319

Errata

Isotopenpraxis **22** (1986) 1

Page 15, Tab. 3: Line for L_2, 2, b; Column $Z = 31-36$
"0·6147" instead of "−0·6147"

Page 16, Tab. 4: Line for $Z = 11$; Column μ/ρ EK_{α_1} this paper
"595" instead of "6.50"

Kurze Originalmitteilungen

Isotopenpraxis 22 (1986) 5, S. 185 bis 187

Synthese und massenspektrometrische Prüfung der stabilisotop markierten Arzneimittel [^{15}N]Methacetin und [^{13}C,^{15}N]Methacetin

M. Herrmann, P. Krumbiegel, G. Möbius

(Zentralinstitut für Isotopen- und Strahlenforschung der AdW der DDR, Leipzig)[1]

Herrn Prof. Dr.-Ing. *J. Mühlenpfordt* zum 75. Geburtstag gewidmet

Keywords

carbon 13; double labelling; drugs; labelled compounds; mass spectra; medicine; nitrogen15, stable isotopes

Einleitung

Bei der Suche nach einem stabilisotop markierten Arzneimittel, das sich als nichtradioaktive Alternative zum [^{14}C]Aminopyrin [1] für Leberfunktionsprüfungen eignet, stießen wir auf p-Methoxyacetanilid (Methacetin), ein Homologes des Phenacetins [2]. Diese Substanz eignet sich dank physiologischer Unbedenklichkeit in den diagnostisch erforderlichen Mengen (3 mg/kg Körpermasse), dank einer kurzen biologischen Halbwertszeit, ihres gut bekannten Metabolismus und der Möglichkeit einer stabilisotopen Doppelmarkierung besonders auch für die Prüfung der mikrosomalen Oxydasenaktivität bei Kindern [3]: Durch Doppelmarkierung konnte nachgewiesen werden, daß das Prinzip des CO_2-Atemtests (Messung der Eliminierungsgeschwindigkeit des Diagnostikums über die Wiederfindung der ^{14}C- oder ^{13}C-Markierung in der Ausatmungsluft) auf ein bisher für solche Zwecke noch nicht genutztes Prinzip eines ^{15}N-Urintests übertragbar ist (Messung der Eliminierungsgeschwindigkeit des Diagnostikums über die Wiederfindung der ^{15}N-Markierung im Urin), vgl. Abb. 1.

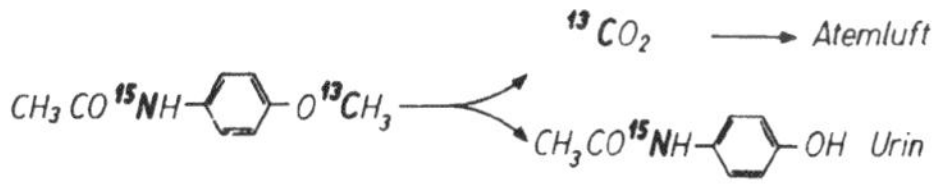

Abb. 1. Prinzip des [^{13}C, ^{15}N]Methacetin-Abbaus

Neben medizinischen führten ökonomische Erwägungen dazu, im Ergebnis von Voruntersuchungen mit unterschiedlich markiertem Methacetin das [^{15}N]Methacetin für die Einführung in die klinische Spezialdiagnostik vorzubereiten [4].

Synthese von [^{15}N]Methacetin und [^{13}C, ^{15}N]Methacetin

Zur Darstellung des reinen ^{15}N-Produktes wurde Anisol mit [^{15}N]Salpetersäure in schwefelsaurer Lösung bei 45 °C nitriert, wobei über 60% p-Nitroanisol entsteht [5]. Die Abtrennung des o-Nitroanisols erfolgte durch fraktionierte Kristallisation aus Petrolether (Kp 60—80 °C). Die anschließende Reduktion des p-Nitroanisols mit *Raney*-Nickel und Hydrazin erfolgte in alkoholischer Lösung bei 30—40 °C zum p-[^{15}N]Aminoanisol, das durch Destillation im Vakuum gereinigt wurde. Die Acetylierung mit Essigsäure/Essigsäureanhydrid wurde bei Raumtemperatur durchgeführt; die Reinigung des [^{15}N]Methacetins erfolgte durch zweimalige Umkristallisation aus Wasser.

Die Synthese des [^{13}C,^{15}N]Methacetins erfolgte aus handelsüblichem [^{15}N]Nitrophenol (VEB Berlin-Chemie) über [^{15}N]Hydroxylamin zum p-[^{15}N]Aminophenol [6, 7], das bei Raumtemperatur mit Essigsäure/Essigsäureanhydrid acetyliert wurde. Die Umsetzung des p-[^{15}N]Acetaminophenols erfolgte mit [^{13}C]Methyliodid in alkoholischer Natriummethylatlösung. Abb. 2 gibt einen Überblick der Synthesewege.

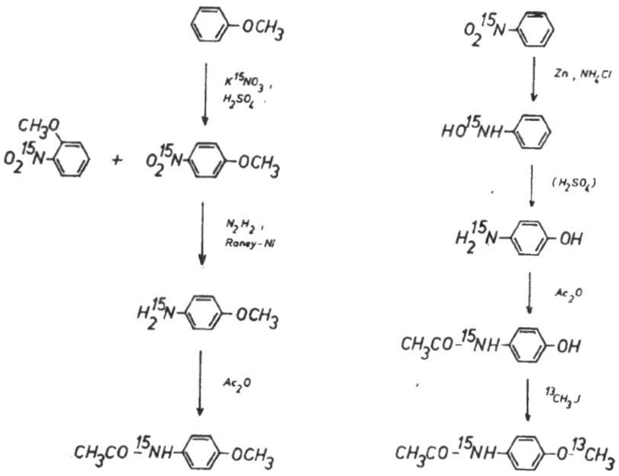

Abb. 2. Synthesewege von [^{15}N]Methacetin und [^{13}C,^{15}N]Methacetin

Sämtliche Zwischenprodukte wurden mittels NMR-Spektroskopie an einem 80-MHz-Gerät der Fa. Tesla, Typ BC 487 C, auf Reinheit untersucht. Die Reinheitskontrolle des Endproduktes [^{15}N]Methacetin erfolgte als 10%ige Lösung in [$^{2}H_6$]DMSO an einem 200-MHz-Gerät WP 200 der Fa. Bruker AG. Weder Verunreinigungen noch o-Methoxy[^{15}N]acetanilid waren nachweisbar.

Massenspektrometrische Untersuchung

Zu den vom Gesetzgeber geforderten Voraussetzungen für die Registrierung als Arzneimittel gehört die Angabe analytischer Methoden zur Identitätsprüfung. Die bei den klinischen Tests benötigten geringen Substanzmengen legten in unserem Fall nahe, neben der NMR-Kontrolle

[1]) Anschrift: DDR-7050 Leipzig, Permoserstraße 15

die massenspektrometrische Meßtechnik einzusetzen. Die Aufnahme der Massenspektren erfolgte mit dem Gerät VARIAN MAT CH6 (Direktverdampfung bei 120 °C, Elektronenstoßionisierung bei 70 eV). Die Bestimmung der relativen Häufigkeit des ^{15}N im einfach markierten Methacetin ergab (99,2 ± 0,1)%. Das doppelt markierte Methacetin wies relative Häufigkeitsanteile von (80 ± 0,2)% ^{13}C und (96,4 ± 0,1)% ^{15}N auf.

Abb. 3 zeigt die Massenspektren des unmarkierten, des einfach markierten und des doppelt markierten Methacetins. Aus der Verschiebung der Massenzahlen der Bruchstücke läßt sich das Fragmentierungsschema des Methacetins recht gut aufklären (Abb. 4), wobei viele der Zerfallswege durch das Auftreten metastabiler Übergänge belegt werden können (Abb. 5). Wie bei Acetaniliden zu erwarten, ist einer der Hauptabbauwege der Verlust von Keten; in unserem Fall gefolgt von der Abspaltung eines Methylradikals aus der Methoxygruppe. Dieser Zerfallsweg liefert den Basispeak des Spektrums. An ihm kann ebenfalls die üblicherweise nur am Molekülpeak vorgenommene ^{15}N-Häufigkeitsbestimmung erfolgen, wie Vergleichsmessungen zeigten. Das ist von Bedeutung für die Isotopenanalyse am doppelt markierten Methacetin. Eine weitere wichtige Fragmentierung ist die Abspaltung des Acetylradikals mit nachfolgender HCN-Abspaltung. Das dabei entstehende Methoxycyclopentadienylkation (als Oxoniumion formuliert) kann für eine näherungsweise ^{13}C-Häufigkeitsbestimmung im doppelt markierten Methacetin dienen; doch ist hier Vorsicht geboten, solange nicht die Elementzusammensetzung des Peaks bewiesen ist. Seine Einbettung in eine Gruppe begleitender Peaks (wegen ihrer geringen Intensität in den Spektrenbildern weggelassen) gibt Hinweise auf weitere Zerfallsprodukte und damit auf mögliche Koinzidenzen.

Interessant ist der Verlust eines Fragmentes von 16 Masseneinheiten, den wir als die Abspaltung von Methan deuten. Für den weiteren Zerfall des auf diese Weise ent-

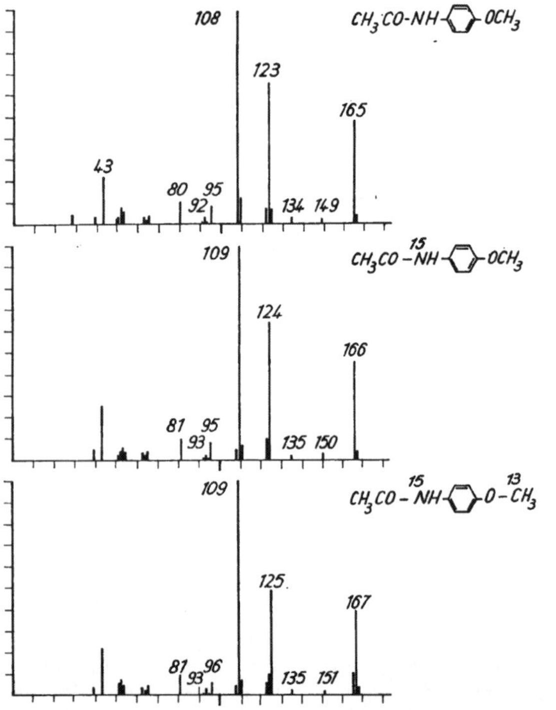

Abb. 3. Massenspektren des unmarkierten, des ^{15}N-markierten und des $^{13}C,^{15}N$-markierten Methacetins

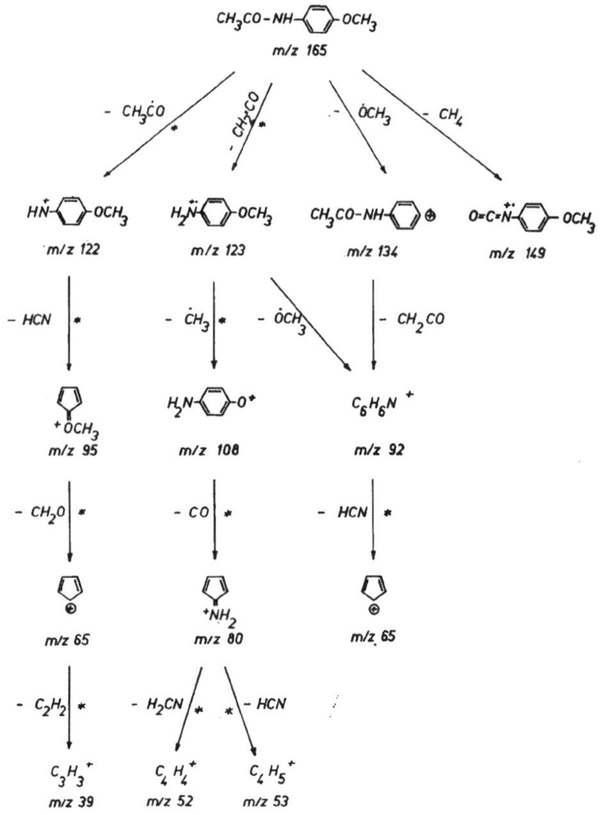

Abb. 4. Fragmentierungsschema des Methacetins

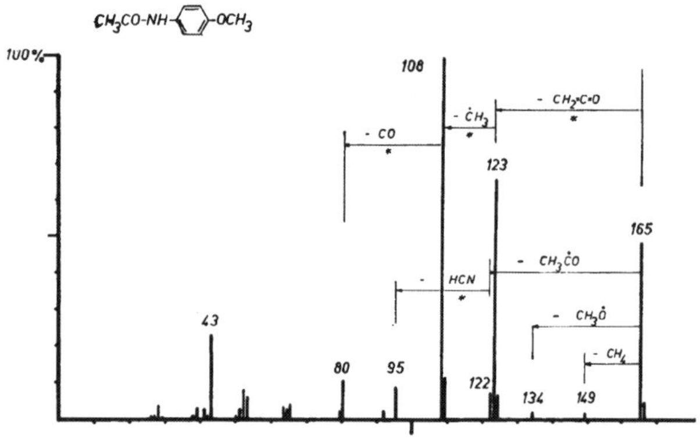

Abb. 5. Massenspektrum des Methacetins.
Die metastabilen Übergänge sind mit * gekennzeichnet.

stehenden Isocyanations, beispielsweise die Abspaltung von CO und nachfolgend HCN oder CH_2O finden sich in unserem Massenspektrum die entsprechenden Peaks der m/z 121 und 94 bzw. 91; doch sind diese wenig charakteristisch (<1%). *Davies, Lenk* und *McLean* [8] fanden bei ihren massenspektrometrischen Untersuchungen von Acetamidophenolen und deren Methylestern in zwei Fällen ebenfalls die Abspaltung von 16 Masseneinheiten, bezeichnen sie jedoch als den Verlust eines Sauerstoffatoms. Für das von den o. g. Autoren ebenfalls erfaßte Methacetin fehlt jeder Hinweis auf ein Ion (M-16).

Mit der Aufnahme und Aufklärung der Massenspektren der markierten Methacetine wurden die gesetzlichen Auflagen zu ihrer Identifizierung erbracht.

Die Autoren danken Frau *J. Müller* für die Durchführung der präparativen Arbeiten und Frau *I. Flügel* für die Aufnahme der Massenspektren. Herrn Dr. *H. Sprinz*, ZfI Leipzig, und Herrn Dr. *C. Mügge* MLU Halle, Sekt. Chemie, danken wir für die NMR-Kontrollmessungen.

Eingegangen am 28. 10. 1985

Literatur

[1] *B. H. Lauterburg, J. Bircher*, Gastroenterology **65** (1973) 556
[2] *J. F. Schneider, D. A. Schoeller, B. D. Schreider, A. N. Kotake, D. L. Hachey, P. D. Klein*, Proc. 3rd Internat. Conf. on Stable Isotopes Oak Brook 1978. New York: Academic Press **1978**, 507
[3] *P. Krumbiegel, K. Günther, H. Faust, G. Möbius, K. Hirschberg, G. Schneider*, Eur. J. Nucl. Med. **10** (1985) 129
[4] *P. Krumbiegel, K. Hirschberg, H. Faust, K. Günther, G. Schneider*, Eur. J. Nucl. Med. **11** (1985) 58
[5] *P. H. Griffiths, W. A. Waltsey, H. B. Watson*, J. Chem. Soc. **1934** 631
[6] *L. Gattermann, H. Wieland*, Die Praxis des organischen Chemikers. Berlin: Walter de Gruyter & Co. 1958
[7] *Houben-Weyl*, Methoden der organischen Chemie, Band XI/1 Stickstoffverbindungen II. Stuttgart: Georg Thieme Verlag 1957 S. 829
[8] *N. W. Davies, W. Lenk, S. McLean*, Org. Mass. Spectrom. **17** (1982) 649

Isotopenpraxis 22 (1986) 5, S. 187 bis 189

Tagungsberichte

Third Working Meeting on Radioisotope Application and Radiation Processing in Industry, 23.–27. September 1985, Leipzig

Mit dem „Third Working Meeting" wurde eine durch das Zentralinstitut für Isotopen- und Strahlenforschung der AdW der DDR (ZfI), Leipzig, ins Leben gerufene Konferenzreihe auf dem Gebiet der Isotopen- und Strahlenforschung weitergeführt. An der Tagung nahmen insgesamt 140 Wissenschaftler aus 15 Ländern (BRD, Bulgarien, China, ČSSR, Dänemark, DDR, Finnland, Großbritannien, Niederlande, Polen, Portugal, UdSSR, Ungarn, USA und Vietnam) und der IAEA (Wien) teil. Berichtet wurde in 28 Haupt- und Übersichtsvorträgen sowie 118 Posterbeiträgen über die Fortschritte der Anwendung der Radionuklid- und Strahlentechnik in den verschiedensten Zweigen der Volkswirtschaft. Es wurden aktuelle Ergebnisse der Grundlagen- und der angewandten Forschung vorgestellt.

Die thematische Vielfalt der wissenschaftlichen Beiträge zeigte, daß die Anwendungsgebiete der Radionuklid- und Strahlentechnik breiter werden. Im allgemeinen werden heute die Radiotracermethoden weitgehend routinemäßig eingesetzt, wobei allerdings die Anpassung an spezielle Aufgabenstellungen häufig noch neue und komplizierte Lösungen erfordert. Die radiometrischen Methoden werden in sehr praktischen Details zu einer höheren Empfindlichkeit, zu einer weiteren Automation besonders unter Nutzung von Mikroprozessoren weiterentwickelt. Die Ergebnisse, die mit Hilfe der Radionuklidtechnik gewonnen werden, dienen einer komplexen Prozeßkontrolle und -analyse. Meßwertregistrier- und -auswertesysteme haben einen so hohen Stand erreicht, daß z. B. bei Radiotracerexperimenten Verfahrensparameter bereits ohne Zeitverzögerung am Experimentierort verfügbar sind. Es kann erneut festgestellt werden, daß die Mikrorechner und -prozessoren wesentlich zur Steigerung der Effektivität der Radionuklidtechnik beitragen und neue Lösungen ermöglichen. In der Radiotracertechnik werden immer häufiger kurzlebige Radionuklide (Generator- und Beschleunigernuklide) eingesetzt. Methoden wie die Oberflächenaktivierungsanalyse sind zu Routineverfahren entwickelt worden. Verfahren der Ionisationsgasanalyse sind aus dem Umweltschutz nicht mehr wegzudenken, Strahlungsionisationsdetektoren für die Gaschromatographie werden in steigendem Maße zur Spurenanalyse eingesetzt. Als Entwicklungstendenz in der Strahlenforschung und -technik läßt sich abschätzen, daß die industrielle Polymerenmodifizierung und die strahlenchemische Behandlung von Lebensmitteln an Bedeutung gewinnt.

Im folgenden sollen die Haupt- und Übersichtsvorträge sehr kurz vorgestellt werden. In seinem einleitenden Vortrag berichtete *R. J. B. Hadden* (Amersham, U. K.) über den Einsatz von Radionukliden zur Prozeßkontrolle und -inspektion, über Quellenauswahl, -anwendung und -herstellung. Die Inspektionsmethoden, z. B. die Computertomographie, werden in Zukunft mehr Anwendung auch in der Industrie finden. *J. Guizerix* (Wien, IAEA) sprach über die Trends in der Tracertechnik. Er stellte fest, daß neue Ideen zur Adaption bekannter Tracermethoden bei der Lösung spezieller Probleme und interdisziplinäre Zusammenarbeit entscheidend zur Steigerung der Effektivität des Einsatzes von Radiotracermethoden beitragen. *K. Wetzel* (Leipzig, DDR) umriß die Möglichkeiten, die sich aus der Variation der Isotopenzusammensetzung in natürlichen Quellen ergeben (z. B. radiogeochronologische Datierung), oder durch jene, die sich aus Tracerexperimenten mit angereicherten stabilen Isotopen herleiten (z. B. Abschätzung des Ursprungs und der Genese von Graniten, Genese von Erdgaslagern).

Eine Reihe von Autoren berichtete über die Anwendung von Radionuklidtechniken in speziellen Industriezweigen. So diskutierte *J. W. Leonhardt* (Leipzig, DDR) die Bedeutung des Einsatzes von Radionukliden in der Energetik anhand der speziellen Möglichkeiten radiometrischer Verfahren, der Anwendung radioaktiver Tracer sowie der Installation entsprechender Warnsysteme. *P. Urbanski*, *S. Karamuz* und *D. Wagner* (Warschau, Polen, und Leipzig, DDR) nutzten die XRF-Analyse und die Methode der niederenergetischen Röntgenrückstreuung zur Bestimmung von Calcium und Eisen sowie zur Bestimmung des Aschegehaltes in Braunkohle. Einen Überblick über die Nutzung von Radionukliden bei der Erzprospektierung, der Bestimmung der Ausbeutefähigkeit, der Erforschung und Kontrolle der Wasser- und Wetterführung von Erzminen, der Erkundung von Lagerungsstätten für radioaktiven Abfall und der Optimierung von Erzaufbereitungsanlagen gab *P. Przewlocki* (Krakau, Polen). Den Aufbau und die Anwendung von leichten Geräten zur Neutronenaktivierung geologischer Proben beschrieben *A. S. Shtan*, *V. A. Maskinin* und *Zh. I. Matalygina* (Moskau, UdSSR). Prototypen mit ^{252}Cf- und ^{124}Sb-Be-Quellen wurden entwickelt. Die Anwendung von Radiotracermethoden zur Testung und Optimierung von Anlagen und Verfahren der chemischen Industrie, der Wasser- und Energiewirtschaft standen im Mittelpunkt des Vortrages von *R. Otto, H. G. Könnecke, D. Luther* und *P. Hecht* (Leipzig, DDR). Über einige Anwendungen der Aktivierungsanalyse und der Radiotracertechnik in der Halbleiterindustrie, über Vorteile, Probleme, Fehler und Grenzen der Methoden berichteten *H. Koch* u. *J. Flachowsky* (Leipzig, DDR). Der Anwendung von Radioisotopen im Bauwesen war der Übersichtsvortrag von *H. Baumbach* (Leipzig, DDR) gewidmet. *R. Spohr* (Darmstadt, BRD) charakterisierte die möglichen Anwendungen einer „Kernspurtechnik“ (u. a. Herstellung äußerst feinmaschiger Filter und Verbesserung von Oberflächeneigenschaften). *D. Molzahn* u. a. (Marburg, BRD) beschrieben eine Schnellmethode für die Bestimmung von kleinen Np- und Pu-Konzentrationen in Uraniumlösungen nach der Aufarbeitung des nuklearen Bren nstoffes.

Dem Problemkreis „Radionuklide und Umwelt“ waren drei Vorträge gewidmet. *A. K. Pikaev* (Moskau, UdSSR) führte aus, wie Strahlenchemie und Strahlentechnologie dem Umweltschutz dienstbar gemacht werden. Er berichtete über die Strahlenbehandlung von Wasserreservoiren im Moskauer Distrikt, über Probleme der Reinigung industrieller Abwässer durch Bestrahlung, über die Strahlenbehandlung von Klärschlamm und über Möglichkeiten der strahlenchemischen Rauchgasentschwefelung. *J. K. Miettinen* (Helsinki, Finnland) sprach über den in erster Linie durch Kernwaffenversuche in der Atmosphäre verursachten Anstieg von Radionukliden in der Umwelt. Anhand von Meßwerten im finnischen Raum wies er nach, daß die durch Kernkraftwerke verursachte Umweltbelastung gering ist und daß die Kernkraftwerkstechnologie ein vertretbares Risiko einschließt. Die potentiellen Möglichkeiten der Anwendung der Radionuklidtechnik zur Datierung von Fluß- und Meeressedimenten, zur Bestimmung von Schlammablagerungen in Flüssen und Häfen, zur Ermittlung der Absetzgeschwindigkeit von Partikeln aus der Luft, zur Bestimmung der Aufnahme von Pflanzenschutzmitteln durch Pflanzen und zur Untersuchung der Transportphänomene im Boden, in Grund- und Oberflächenwasser diskutierte *W. Michaelis* (Geesthacht, BRD).

Einige Autoren befaßten sich mit methodischen Entwicklungen, wie der Herstellung radioaktiv markierter Verbindungen für Traceruntersuchungen in der Industrie (*R. Otto*, Leipzig, DDR), der Anwendung von kurzlebigen Beschleunigernukliden in der Industrie (*H. Kupsch*, Leipzig, DDR), dem Stand und dem Trend in der energiedispersiven Röntgenfluoreszenz (*M. Schiekel* und *P. Jugelt*, Dresden, DDR), der Genauigkeit und Richtigkeit in der Aktivierungsanalyse (*M. Geisler*, Leipzig, DDR) und den autoradiographischen Methoden zur Bestimmung der lateralen Elementverteilung in Festkörpern (*K. Freyer, H.-C. Treutler, S. Weiße* und *W. Birkholz*, Leipzig, DDR). Im Vortrag von *L. Jankowski* (Leipzig, DDR) wurden Fragen zum Aufwand-Nutzen-Verhältnis bei Anwendung der Radionuklidtechnik zusammenfassend diskutiert. Eine Bereicherung des Vortragsprogramms stellten die Ausführungen von *H. H. Deicke* (Leipzig, DDR) zu Problemen des Strahlenschutzes bei industriellen Tracerexperimenten dar.

In einer Reihe von Vorträgen wurden Probleme der Strahlenforschung und -technik behandelt. *Y. Tabata* (Tokio, Japan) sprach über die Vernetzung und Degradation von Polymeren. *E. A. Abramyan* (Moskau, UdSSR) charakterisierte verschiedene Typen von Hochleistungsbeschleunigern und ihre jeweiligen Applikationsfehler. *J. S. Sivinski* (Albuquerque, USA) skizzierte die Möglichkeiten der Anwendung von Caesium-137-Strahlungsquellen bei der Nahrungsmittelbestrahlung. *J. Bös* u. a. (Leipzig, DDR) berichteten über die Möglichkeiten der Strahlenbehandlung von Polyethen. Die Verwendung hochenergetischer Elektronen zur Vernetzung von Kabeln, Drahtisolationen und von Rohren beschrieben *Heinrich* u. a. (Dresden, DDR). *P. Popp* u. a. (Leipzig, DDR) hoben neue Aspekte der Theorie und Praxis von Heliumdetektoren für die Spurenanalyse anorganischer Gase hervor.

In den beiden Posternachmittagen behandelten die Beiträge ebenfalls ein sehr breites Spektrum der Anwendung der Radionuklid- und Strahlentechnik. Es fanden rege Diskussionen mit den Autoren statt. Das wissenschaftliche Komitee hatte namhafte Fachkollegen gebeten, die Beiträge einzuschätzen. Jeweils nach Schluß der Sektion trafen sich die Autoren mit diesen Fachkollegen zu einer abschließenden Diskussion. Diese Art der Auswertung der Posterbeiträge fand allgemeine Zustimmung.

Der gesamte Tagungsverlauf zeichnete sich durch eine kritische, wissenschaftliche Atmosphäre aus. Zahlreiche namhafte Wissenschaftler aus dem In- und Ausland lobten das hohe wissenschaftliche Niveau der Tagung. Die Veranstaltung ist in die Reihe der renommierten Fachtagungen auf dem Gebiet der Radionuklid- und Strahlentechnik aufgerückt. Sie hat allen Teilnehmern Möglichkeiten zum wissenschaftlichen Erfahrungsaustausch und zur Vertiefung der internationalen Zusammenarbeit geboten. Die hervorragende Organisation trug wesentlich zum Erfolg der Tagung bei. Die Vorträge und Posterbeiträge werden vom Veranstalter als „Proceedings of the Third Working Meeting“ in Form der ZfI-Mitteilungen herausgegeben.

R. Otto/P. Popp

Eingegangen am 10. 12. 1985

III. Isotopenkolloquium, 4.–7. September 1985, Freiberg

Bereits zu Beginn unseres Jahrhunderts wurden an der Bergakademie Freiberg Radonmessungen, insbesondere an Quellwässern des Erzgebirges durchgeführt. In Freiberg arbeitete bis 1945 ein Radiuminstitut, und 1921 fand hier ein Radiumkongreß statt, an dem z.B. *O. Hahn, L. Meitner* und *H. Geiger* teilnahmen. Radiometrische Forschungen haben somit in Freiberg Tradition. Die in den 60er und 70er Jahren unter *K. Fröhlich* profilierten Forschungen über natürliche Radionuklide und nuklearen Umweltschutz knüpften an diese Tradition an. Moderne Ergebnisse isotopenphysikalischer Forschungen und deren geowissenschaftliche Anwendungsmöglichkeiten standen im Mittelpunkt des 3. „Freiberger Isotopenkolloquiums“, einer internationalen Tagung, die von den Sektionen Physik und Geowissenschaften der Bergakademie Freiberg (BAF) regelmäßig veranstaltet wird.

Das Kolloquium fand unter der Schirmherrschaft des Rektors der Bergakademie statt. Ihrer nun schon traditionellen Zielstellung entsprechend, widmete sich die Tagung der Anwendung isotopenphysikalischer Meßmethoden für Fragen der Suche, Erkundung und Bewirtschaftung von Lagerstätten (Grundwasser und mineralische Rohstoffe) sowie der Bergbausicherheit und des Umweltschutzes, letzteres unter besonderer Betonung des Schutzes von Grundwasserlagerstätten. Das Organisationskomitee (*K. Fröhlich*, Sektion Physik, *H.-J. Rösler*, *H. Jordan* und *J. Pilot*, Sektion Geowissenschaften der BAF) präsentierte den 80 Teilnehmern aus 11 Ländern (UdSSR, ČSSR, VR Polen, SR Vietnam, VR Bulgarien, Kanada, Vereinigte Arabische Emirate, Österreich, BRD, Schweiz, DDR) ein breit gefächertes Vortragsprogramm (84 Beiträge einschließlich Poster), das inbesondere durch Plenarvorträge eingeladener führender in- und ausländischer Wissenschaftler hohes fachliches Niveau versprach. Der Rektor der Bergakademie Freiberg, Prof. Dr. sc. nat. Drs. h. c. *H.-H. Emons*, betonte in seiner Eröffnungsansprache die Nützlichkeit isotopenphysikalischer und -geochemischer Forschungen für geowissenschaftliche Aufgabenstellungen, die von globalen über regionale bis zu lokalen Fragen reichen, und wertete die Anwesenheit ausländischer Wissenschaftler aus sozialistischen und kapitalistischen Ländern als Ausdruck des Willens zur friedlichen fachlichen Zusammenarbeit bei der Bearbeitung von Aufgaben geowissenschaftlicher Grundlagenforschung, aber auch als Anerkennung der auf isotopenphysikalischem und -geochemischem Gebiet an der Bergakademie geleisteten Arbeit.

Das Vortragsprogramm wurde durch zwei Übersichtsvorträge eingeleitet, die sich mit grundsätzlichen Fragen der Isotopenforschung beschäftigen: *V. I. Ferronskij* (IAEA Wien) erläuterte Organisation und inhaltliche Profilierung der IAEA-Programme auf dem Gebiet kernphysikalischer Anwendungen in der Umweltforschung, und *K. Fröhlich* (BAF) diskutierte Entwicklungstendenzen bei der Grundwasserdatierung. Der Vortragende wies insbesondere auf die Notwendigkeit der Kombination isotopenhydrogeologischer Meßverfahren mit der Modellierung der Grundwasserhydrodynamik hin und stellte durch die IAEA Wien geförderte Forschungsergebnisse zur ^{32}Si-Grundwasserdatierung vor.

Das nachfolgende Tagungsprogramm faßte hydrologisch/hydrogeologisch und geologisch/mineralogisch orientierte Beiträge zu Vortragsgruppen zusammen, wobei die Beispiele der Anwendung von Isotopenmethoden in der Hydrosphäre (einschließlich Umweltschutz und Bergbausicherheit) dominierten.

Plenarvorträge zu Fragen der Grundwasserdatierung (*K. Fröhlich*, BAF, *M. A. Geyh*, Hannover, *Ch. Sonntag*, Heidelberg), des Grundwasserschutzes (*H. Jordan* u. a. BAF, *H. Hübner*, Leipzig, *R. Krouse*, Calgary), zur Glaziologie (*H. Moser*, München), zu ozeanologischen Anwendungen (*V. V. Romanov*, Moskau, *V. S. Bresgunov*, Moskau) und zur Bergbausicherheit (*Grabczak* u. *Zuber*, Krakow, *Schmiedl* u. a., Sondershausen) dokumentierten den hohen Entwicklungsstand der Isotopenhydrologie. Aus diesen Beiträgen, aber auch aus einer Vielzahl von Kurzvorträgen sind folgende Tendenzen ableitbar:

- zunehmende Komplexität der Untersuchungen hinsichtlich der Zahl der am gleichen Objekt eingesetzten Methoden (chemische, isotopenphysikalische),
- Kombination der Modellierung der Grundwasserhydrodynamik und des Stofftransportes im Grundwasser und
- Earbeitung prognosefähiger Menge-Güte-Modelle.

Es wurde deutlich, daß Isotopenmethoden auch in wenig erkundeten Gebieten (Antarktika, Wüstenregionen, subtropische Gebiete) eigenständig mit im Vergleich zum Informationsgewinn geringem materiellem Aufwand einsetzbar sind.

Geochronologische und isotopengeochemische Anwendungen von Isotopenverfahren bildeten den zweiten Schwerpunkt der Tagung. Fragen der Genese mineralischer Lagerstätten, der zeitlichen Einordnung geologischer Prozesse sowie auch theoretische Grundlagen und Ergebnisse von Laboruntersuchungen wurden diskutiert.

Einen zusammenfassenden Vortrag über „Struktur und Entwicklung des Erdmantels aus isotopengeochemischer Sicht" präsentierte *J. Pilot*, BAF. Weitere umfassende Beiträge wurden von *E. Schroll*, Wien, *I. Wendt*, *D. Gebauer* und *M. H. Grünenfelder*, Hannover, *A. Quadt* u. a., Zürich, gegeben. Auffällig war die hohe Zahl vorgestellter isotopenphysikalischer Grundlagenuntersuchungen zu diesem Themenkomplex (z. B. *K. Wetzel*, *H. Schütze* u. a., *I. Maas* u. a., *P. Harting*, *O. Gebhard*, *U. Wand* u. a., Leipzig). Auf den Ergebnissen von Laborexperimenten und theoretischen Ansätzen aufbauend, werden geologisch-mineralogische Prozesse der Lagerstättenbildung analysiert und verstanden.

Abschließender Höhepunkt des Isotopenkolloquiums war eine halbtägige Vortrags- und Diskussionsveranstaltung „Grundwasserdatierung", die ausschließlich der Vorstellung neuer Meß- und Interpretationsverfahren diente.

Aus der Reihe der Vorträge ragte *H. H. Looslis* Beitrag zur ^{39}Ar-Datierung heraus. Eine besondere Glanzstunde erlebten die Zuhöhrer, als *Loosli*, Bern, erste ^{81}Kr-Meßergebnisse vorstellte. Aber auch die anderen Vortragenden wußten mit zukunftsträchtigen Ergebnissen zu überzeugen: *L. Luckner* sprach über die grundsätzliche Bedeutung der Modellierung für die Isotopenhydrogeologie, *Ch. Sonntag*, Heidelberg, stellte seine Ergebnisse isotopenhydrogeologischer Untersuchungen an Wässern der Ostsahara vor, *R. Gellermann* und *K. Fröhlich*, BAF, diskutierten Aussagemöglichkeiten der ^{234}U/^{238}U-Methode und weiterer radiogener Isotope für die Grundwasserdatierung und *T. Florkowski*, Krakow, sprach über die unterirdische Produktion kosmogener Radionuklide.

Die Tagung bot den Teilnehmern ein anspruchsvolles kulturelles Rahmenprogramm, zu dem Besichtigungen der Lehrgrube „Reiche Zeche" und der Mineralogischen Sammlung, ein Orgelkonzert im Dom sowie der Besuch der Semperoper Dresden gehörten. Ein Empfangsabend bot Zeit zu den allseits gewünschten Fachgesprächen im kleineren Kreise und festigte persönliche Kontakte zwischen „alten" Bekannten.

Mit Recht können die Veranstalter mit dem fachlichen Niveau und der internationalen Resonanz dieses Isotopenkolloquiums zufrieden sein. Mehr noch: Hier hat sich eine Fachtagung etabliert, die von ausländischen Tagungsteilnehmern in die Reihe der international bedeutsamen Veranstaltungen auf dem Gebiet der Isotopenanwendung in den Geo- und Montanwissenschaften sowie im Umweltschutz eingeordnet wurde.

Künftig wird die Tagung im 4-Jahres-Rhythmus — alternierend mit der um 2 Jahre zeitlich versetzten Tagung „Isotope in der Natur" des Zentralinstitutes für Isotopen- und Strahlenforschung der AdW, Leipzig — stattfinden.

Bis zum Wiedersehen 1989 in Freiberg allen Fachkollegen ein herzliches „Glück auf"!

D. Hebert

Eingegangen am 10. 12. 1985

Isotopenpraxis 22 (1986) 5, S. 190 bis 192

Buchbesprechungen

Chemische Technologie
Band 1: Allgemeines

Hrsg.: *H. Harnisch, R. Steiner, K. Winnacker. 4. Aufl. München/Wien: Carl Hanser Verlag 1984. 769 S., 357 Abb., 81 Tab., 1294 Lit. (deutsch/engl.); geb. DM 470,–*

Der „Winnacker" gehört seit dem Erscheinen der 1. Auflage 1950 zum Standardnachschlagewerk für das Fachgebiet chemischer Technologie. Die wissenschaftlichen und technologischen Grundlagen werden in dem vorliegenden Band „Allgemeines" behandelt, wobei schon der Umfang im Vergleich zu früheren Auflagen erkennen läßt, welche allgemeinen Grundlagen (einschließlich Werkstoffprobleme, Sicherheits- und Rechtsfragen) notwendig sind, um technisch-chemische Prozesse optimal und sicher zu führen.

Im Band 1 werden in sehr guter didaktischer Form folgende Kapitel, ergänzt durch einen umfangreichen bis 1983 reichenden Quellennachweis, behandelt: Grundzüge der mechanischen Verfahrenstechnik, Grundzüge der chemischen Reaktionstechnik, Methoden der Verfahrensentwicklung, Planung und Errichtung von Chemieanlagen, Werkstoffe für den Apparatebau in der chemischen Technik, Meß-, Steuer- und Regelungstechnik in der chemischen Industrie, Umweltschutz, Sicherheitstechnik und Arbeitsschutz und Fragen des Patentwesens bzw. des gewerblichen Rechtsschutzes, so daß der Leser schnell grundlegende Informationen über die ihn interessierenden Probleme erhalten kann.

Da in mehreren Abschnitten wie z.B. Berechnung von Reaktoren, Wahl der Betriebsbedingungen, Maßstabsvergrößerung von Reaktoren, Maßstabsvergrößerung bei thermischen und mechanischen Grundoperationen auf die Bedeutung des Verweilzeitverhaltens der Reaktanden sowohl für die Reaktionsführung als auch für die optimale Gestaltung von Reaktoren hingewiesen wird, wäre es vorteilhaft, in diesem Zusammenhang die Methode und die Vorteile der Radioindikatormethode im Vergleich zu anderen Indikatormethoden etwas näher zu erläutern bzw. dem Leser durch entsprechende Literaturhinweise das Quellenstudium zu erleichtern (S. 282).

Analoges trifft für die kontinuierliche Dichtemessung von auch heterogenen Stoffströmen mit radiometrischen Methoden zu (S. 527).

Die Probleme des Umweltschutzes, der Reinhaltung der Luft und der Abfallbeseitigung werden in besonderen Abschnitten behandelt, wobei der Rezensent allerdings nicht ganz so optimistisch ist, wie die Autoren es sind.

Der rezensierte Band ist ein hervorragendes Nachschlagewerk für alle Chemiker bzw. Verfahrensingenieure, die über ihr spezielles Fachwissen hinaus sich über alle mit chemischen Verfahrensentwicklungen im Zusammenhang stehenden Probleme informieren wollen. *H.-G. Könnecke*

Induction of Thyroid Cancer by Ionizing Radiation

National Council on Radiation Protection and Measurement, Bethesda 1985 (NCRP Report No. 80) 93 S., div. Abb. u. Tab.; geheftet $ 13.00

Die potentielle karzinogene Wirkung ionisierender Strahlen auf die Schilddrüse stellt gegenwärtig ein aktuelles Problem dar. Der vorliegende NCRP-Report befaßt sich in elf Kapiteln mit dem Risiko einer Tumorinduktion in der Schilddrüse nach externer Röntgen- oder Gammabestrahlung und/oder nach der Inkorporation schilddrüsenwirksamer Radionuklide.

Die Autoren beschreiben Komponenten der absoluten Risikoeinschätzung für die Kanzerogenese nach der Einwirkung ionisierender Strahlung unter Berücksichtigung der Dosis-Wirkungsbeziehung, der verschiedenen Schilddrüsenerkrankungen, der Schilddrüsenkarzinomrate in der Gesamtbevölkerung und der Zeitdauer des Risikos einer Tumorinduktion.

Sie gehen dann auf das Risiko potentieller Schilddrüsenkarzinome nach externer Bestrahlung ein und unterscheiden eine Gruppe, in der der Zelltod dominiert (über 15–20 Gy), und eine, in der eine potentielle Tumorentstehung möglich ist (unter 15 Gy). Für das Risiko in der zweiten Gruppe wurden als Einflußfaktoren die Art der Bestrahlung, das Alter, das Geschlecht, der ethnische Hintergrund und die Heredität berücksichtigt.

Als schilddrüsenwirksame Nuklide für eine potentielle Kanzerogenität werden ^{123}I, ^{125}I, ^{129}I, ^{131}I, ^{99m}Tc sowie ^{132}I und ^{133}I als Telluriumabkömmlinge betrachtet. Die Wirkungen von ^{131}I werden anhand von Studien an Menschen und im Tierexperiment ausführlich beschrieben und mit der externen Bestrahlung verglichen. Die unterschiedlichen physikalischen und biologischen Verhaltensweisen der einzelnen Nuklide bildeten dabei die Grundlage zur Risikoeinschätzung.

Abschließend nehmen die Autoren besonders zum Risiko einer potentiellen Tumorinduktion in der Schilddrüse nach Dosen unter 15 Gy einer ionisierenden Strahlung Stellung.

Die vorliegende Studie gibt hervorragende, statistisch exakt belegte Informationen zum potentiellen Karzinomrisiko der Schilddrüse nach externer Röntgen- oder Gammabestrahlung und/oder nach der Inkorporation schilddrüsenwirksamer Nuklide. Durch die Unterscheidung der Dosisgrößen und der genauen Darstellung der Dosis-Wirkungsbeziehungen bei Menschen und Tieren, abhängig von der Art der Strahlung, vom Nuklid und der Art der Dosisverteilung im Organ gewinnt der Leser einen guten Überblick über das Risiko einer Strahlenanwendung im Schilddrüsenbereich. Zu empfehlen ist dieser NCRP-Bericht neben allen Interessenten vorwiegend den Strahlentherapeuten und Nuklearmedizinern. Er gibt neue Denkanstöße für die Diagnostik- und Therapieplanung von Schilddrüsenerkrankungen aber auch für die Planung der Strahlentherapie extrathyreoidaler Leiden in Schilddrüsennähe (Feldbegrenzung, Ausblendungen).

Mit diesem Bericht haben wir ein umfassendes, bisher einmalig zusammengestelltes Material zum potentiellen Risiko einer Schilddrüsenkarzinominduktion nach ionisierender Strahlung in der Hand.

A. Wünsche

Funktionelle Biochemie des Menschen

E. Hofmann. 3. bearb. Aufl. 2 Bd. Berlin: Akademie-Verlag 1985. insges.: 663 S., 149 Abb., 38 Tab. WTB. Reihe Biologie. Bd. 128 und 129); DM 25,–

Im ersten Band des Buches behandelt der Verfasser in einem in sich abgeschlossenen umfangreichen Kapitel (127 Seiten), nicht zuletzt auch wegen seiner labordiagnostischen Bedeutung, die Biochemie des Blutes. Er beschreibt dabei u. a. den Stoffwechsel und die Funktion der Blutzellen bis hin zur Pathobiochemie der Erythrozytenmembran. Er geht auf das Plasma und Plasmaprotein, ihren Turnover und pathobiochemische Aspekte des Lipoprotein- und Plasmaproteinstoffwechsels ein und stellt die Hämostase und ihre Beeinflussung, das phagozytierende Zellsystem und die Biochemie der Entzündung dar.

Im 2. Kapitel wird der Wasser- und Elektrolythaushalt des Körpers auch im Hinblick auf pathologische Veränderungen dargestellt. Weitere Kapitel des 1. Bandes sind dem Säure-Basen-Haushalt einschließlich seiner labordiagnostischen Erfassung, der Biochemie des Binde- und Stützgewebes und dem Mineralstoffwechsel gewidmet.

Im zweiten Band werden auf 135 Seiten die menschlichen Hormone, ihr Stoffwechsel sowie pathobiochemische Veränderungen im Hormonhaushalt behandelt.

Das sich anschließende Kapitel „Organstoffwechsel" ist besonders der Leber wegen ihrer zentralen Bedeutung im Stoffwechselgeschehen und ihren regulatorischen Funktionen gewidmet. Darüber hinaus werden die Nieren, die Muskulatur, der Herzmuskel, das Fettgewebe und das Gehirn beschrieben. Besondere Berücksichtigung findet dabei die hormonale Regulation des Stoffwechsels und seine Beeinflußbarkeit durch unterschiedliche Bedingungen, wie z.B. der körperlichen Belastung.

Umfangreiche Kapitel sind auch der Resorption und Verdauung der Nahrungsstoffe und ihrer Regulation sowie den Vitaminen, ihren Wirkungen und Vitaminmangelerscheinungen gewidmet. Die Wechselbeziehung von Stoffwechsel und Ernährung ist im Hinblick auf das Verständnis der funktionellen Einheit des Organismus in einem gesonderten Kapitel dargestellt. Hierbei werden Methoden der Charakterisierung von Nahrungsstoffen hinsichtlich ihrer biologischen Wertigkeit vorgestellt und Empfehlungen für die tägliche Nahrungsaufnahme des Menschen gegeben.

Die weiterführende Literatur, die am Schluß jedes Bandes den einzelnen Kapiteln zugeordnet dargestellt wird, erfaßt wesentliche Übersichtsarbeiten bis zum Jahre 1982.

Ein umfangreiches Sachregister erleichtert den Zugang zu Details des Wissensgebietes.

Dem Verfasser ist es in bemerkenswerter Weise gelungen, insbesondere Studierenden der Biochemie, Biologie und Medizin das Verständnis von der funktionellen Einheit des Organismus zu vermitteln. Das übersichtlich gegliederte Buch ist für Naturwissenschaftler und Ärzte als Fachbuch und Nachschlagewerk sehr zu empfehlen.

K. Jung

Webers Taschenlexikon 1: Kernenergie

R. Weber. Aarau: Olynthus Verlag 1985. 289 S., zahlr. Abb. u. Tab.; DM 19,80

Den Autor, Dr.-techn. *Rudolf Weber*, stellt der Verlag als anerkannten und unabhängigen Wissenschaftsjournalisten vor, der eine Reihe fachbezogener und in sich abgegrenzter Taschenlexika verfaßt hat, deren 1. Band – Kernenergie – hier vorgelegt wird. Die Handlichkeit des Formats verspricht eine hohe Griffbereitschaft, was in voller Absicht steht, um sich bei aufkommenden Fragen schnell und verbindlich informieren zu können. Weitere vorgesehene Bändchen sind den erneuerbaren und nicht-erneuerbaren Energien, dem Umweltschutz, der Physik und der Chemie gewidmet, was ein Programm an aktuellem Wissen erkennen läßt, wie es häufig in Anspruch genommen werden dürfte.

Das vorgelegte Bändchen enthält alles Wissenswerte zur Kernenergie, von den Grundlagen – Kernphysik, Strahlenschutzphysik, Radioaktivität, ein geschichtlicher Abriß einschließlich einiger Biographien namhafter Wissenschaftler auf diesem Gebiet – bis hin zu den unterschiedlichsten Anwendungen, wobei im Vordergrund die energetische Nutzung steht. Kernreaktoren, Uraniumtechnologie, Wiederaufbereitung, Kernwaffen, Umweltbelastungen und Sicherheitsfragen werden kurz und prägnant beschrieben.

Einige wenige Ergänzungen bzw. Verbesserungen scheinen angebracht zu sein: Sollte nicht die so häufig in der Kernphysik angewendete Energieeinheit keV oder MeV mit genannt werden? Dazu bietet sich der Abschnitt Massedefekt an, der leicht zur Bindungsenergie (in keV) übergeleitet werden könnte bzw. auch der Abschnitt Maßeinheiten. Neben dem gut eingeführten Begriff der Kernphysik gibt es auch die Kernchemie/Radiochemie oder die „heiße" Chemie; vielleicht sollte dazu auch etwas gesagt werden. Die wichtigsten Gesetze der BRD, Österreichs und der Schweiz sind genannt; in der DDR liegen die Genehmigungsverfahren im Arbeitsbereich des Staatlichen Amtes für Atomsicherheit und Strahlenschutz (SAAS) beim Ministerrat der DDR – es dürfte für den deutschsprachigen Leserkreis wissenswert sein. Unter dem Abschnitt „Isotope" (S. 104) ist u. a. zu lesen, daß beinahe alle Elemente in der Natur aus einem Gemisch von Isotopen bestehen und „. . . folglich ein (überall gleiches) Gemisch" darstellen würden; als Beispiel wird der Sauerstoff angegeben. Dies ist irreführend, denn gerade die leichten Elemente zeigen ein mehr oder weniger uneinheitliches Vorkommen in ihren isotopen Zusammensetzungen, worauf u. a. die Methoden der Isotopenhydrologie beruhen und Gegenstand weltweiter Untersuchungen darstellen. Im Falle der Isotopenvariationen des Sauerstoffs sind beispielsweise leicht Zuordnungen von Weinen möglich, was zur Aufdeckung von Verfälschungen verwendet werden kann. Es ist zu erwarten, daß in dem angekündigten Bändchen „Umweltschutz" näher auf Fragen des Waldsterbens eingegangen wird, aber gerade u. a. in der Schweiz gab es (oder gibt es?) eine lebhafte Diskussion über einen möglichen Zusammenhang von Kernenergie und Waldsterben, was andeutungsweise vielleicht erwähnt werden sollte. In der Tabelle S. 257 sollte das Fehlen einer CO_2-Abgabe bei der Kernenergie im Vergleich mit der Energiewirtschaft auf der Grundlage fossiler Brennstoffe als Positivum doch mit genannt werden (Treibhaus-Effekt).

Der Olynthus-Verlag leitet seinen Namen von der altgriechischen Stadt Olynthos auf der Halbinsel Chalkidike ab, die nach Grundsätzen der Solararchitektur im 5. Jahrhundert vor der Zeitenwende gebaut wurde. In dieser Stadt hat auch der wortgewaltige *Demosthenes* die Athener um Hilfe gegen *Philippos* aufgerufen. Sollte dieser Zusammenhang programmatisch für ein entwickeltes Umweltbewußtsein möglichst vieler Menschen sein, so ist das beabsichtigte Vorhaben des Verlages sehr zu begrüßen; ein erster Schritt dazu wurde vorgelegt und kann insgesamt als sehr gelungen angesehen werden – eine interessierte Leserschaft dürfte sich bald einstellen, um ihre spezifischen Fragen beantwortet zu bekommen. *H. Hübner*

Coulsons Chemische Bindung

R. McWeeny. 2. Aufl. von C. A. Coulson, Die chemische Bindung; aus dem Engl. übers. u. für die dt. Ausgabe überarb. von R. Janoschek. Stuttgart: S. Hirzel Verlag 1984. XIV, 480 S., 201 Abb., 48 Tab.; Kst. geb. DM 88.–

Als im Jahre 1951 „Coulson's Valence" erschien, stellte es den ersten Versuch dar, alles bis zu diesem Zeitpunkt an verbindlichem Wissen angehäufte Tatsachenmaterial über die chemische Bindung in einer geschlossenen Form darzustellen. Diese Kompilation hat einer ganzen Generation von Chemikern und Physikochemikern als Lehrbuch gedient und führte sie in die so faszinierende Genesis chemischer Bindungen ein. *Charles Coulson* hat bereits in der 1. Auflage davon gesprochen, daß die Wellenmechanik einen anwendungsbereiten Entwicklungsstand erreicht hat, der bei der Ausbildung eines Chemikers zur Vervollständigung seines Wissens nicht unbeachtet bleiben darf. Und dies gilt heute noch, vielleicht in einem weit höheren Maße, obwohl in vielen guten Lehrbüchern der Chemie bereits mehr oder weniger umfassend auf die Theorie der chemischen Bindung eingegangen wird – und eingegangen werden muß. Es bleibt aber der Vorzug einer geschlossenen Darstellung der chemischen Bindung erhalten, wenn sowohl die Grundlagen als auch ihr Umfeld näher beschrieben werden.

Die vorgelegte 2. deutsche Auflage entspricht der 3. englischen Auflage, die ein Schüler von *Charles Coulson, Roy McWeeny*, 1979 erarbeitet hat – 5 Jahre nach dem Tod seines Lehrers. Die 2. deutsche Auflage hat eine rund 100 Seiten erreichende Umfangserweiterung erfahren, ganz zu schweigen von der stellenweise erfolgten Neubearbeitung und Umgestaltung, obwohl insgesamt die Anzahl der Kapitel (13) erhalten geblieben ist. Neu in der vorliegenden Auflage ist auch die Aufnahme von Aufgaben zu jedem Kapitel, wobei man sich wünscht, am Schluß des Buches eine Beantwortung der teilweise nicht leicht gestellten Fragen zu finden.

Die Grundeinstellung *Charles Coulsons* zur Quantenchemie gipfelt in einer Aussage, die er 1960 so formulierte: „Die Chemie ist eine experimentelle Wissenschaft, deren Ergebnisse zu einem Muster zusammengesetzt werden können, wobei ganz elementare Konzepte zu beachten sind. Die Rolle der Quantenchemie besteht in der Begründung dieser Konzepte", und so ist die Aussage eines elektronischen Großrechners keine Erklärung, sondern eine Bestätigung eines experimentellen Ergebnisses. Diese Grundeinstellung zieht sich wie ein roter Faden durch die doch manchmal schwer zugängliche Form der wellenmechanischen Darstellung, die noch dazu nicht in die Normen der gewöhnlichen Sprache einzupassen ist. Aber wenn der lernende Chemiker sein Wissen über die chemischen Verbindungen erläutert und begründet bekommt, dann ist er aufgeschlossen und bereit, dieses Wissen zu vertiefen und die Theorie der chemischen Bindung zu erlernen. Dies ist gewiß das Geheimnis dieses guten Lehrbuches der Theorie der chemischen Bindung, das ihm hilft und ihn leitet. Eine neue Generation wird gern diese Hilfe annehmen und sich ihrer bedienen, wofür *Charles Coulson* und *Roy McWeeny* zu danken ist, nicht zuletzt auch der sachkundigen und einwandfreien Übersetzung ins Deutsche durch *R. Janoschek*. *H. Hübner*

Das große BASIC-Lernbuch

W. Meyer, K. Schacht. München-Wien: Carl Hanser Verlag 1985. 498 S., zahlr. Abb. u. Tab.; kart. DM 36.–

Der selbstbewußte Titel wird zwar nicht in jeder Beziehung durch den Inhalt gerechtfertigt, jedoch hebt sich das vorliegende Kompendium in einigen Belangen durchaus angenehm von vergleichbaren BASIC-Lehrbüchern ab. Neben der Vermittlung von Syntax und Semantik der Programmiersprache wird die Erstellung von Programmablaufplänen ausführlich behandelt. Positiv hervorzuheben sind insbesondere die ansprechende Gestaltung, eine übersichtliche Gliederung sowie die systematische, lernzielorientierte Stoffvermittlung mit einer Fülle „lebensnaher" Beispiele, überwiegend aus dem technisch-mathematischen Bereich. Viele Übungsaufgaben (mit Lösungen) sowie Testfragen tragen zur Vertiefung und Selbstüberprüfung bei autodidaktischem Lernen bei.

BASIC ist heute weltweit die verbreitetste problemorientierte Programmiersprache für Klein- und Mikrorechner (Personalcomputer). Ein Problem – vor dem nicht nur dieses Buch steht – ist jedoch der Umstand, daß neben der hier dargestellten Version Microsoft-BASIC zahlreiche andere Dialekte verwendet werden, womit der Portabilität konkreter Programme für verschiedene Rechnertypen Grenzen gesetzt sind. Hier hätte man sich spätestens im Anhang mehr Hinweise für notwendige Adaptationen gewünscht. Die Aussage, daß Variable beim Programmstart automatisch auf Null gesetzt werden, ist nicht einmal für alle fünf im Buch abgebildeten Rechnertypen zutreffend. Auch der Wert des aus 50 Fragen mit mehreren Antwortmöglichkeiten bestehenden „großen BASIC-Tests mit EDV-Auswertung" wird durch Fehler und zahlreiche Formulierungsungenauigkeiten reduziert. Als Intelligenztest besonderer Art ist die 25. Frage zu werten, da von 5 möglichen Antworten 3 völlig identisch sind.

Trotz dieser kritischen Anmerkung zur ersten Auflage des Buches überwiegt der positive Gesamteindruck, so daß es insbesondere jenen eine Hilfe sein kann, die sich dazu entschlossen haben, einen BASIC-Führerschein zu erwerben. *F. Serick*

ISOTOPENPRAXIS

Band 22 1986 Heft 5

Contents / Inhalt

►Language of Publikation — ►Publikationssprache

Isotopenpraxis is indexed in Current Contents/PC & ES, Science Citation Index, and INIS Atomindex

FSC
www.fsc.org
MIX
Papier | Fördert gute Waldnutzung
FSC® C083411

Kolibri 360 GmbH
Ferdinand-Jühlke-Straße 7
99095 Erfurt, Deutschland
produktsicherheit@kolibri360.de